茶園裡遇見佛陀

張顥嚴——著

自序

讓世界更美好的心農法

我不是一個喜歡作農的人，卻好像願力注使業風吹送般「必然地」進入農業這個領域。

從小母親用身教告訴我，作農是一件很苦的事，做有機更苦，千萬不要像你老爸一樣，頭殼壞去做有機。所以從小我就在一種莫名的恐懼與自卑中長大，恐懼自己會像母親描述的那樣陷在社會的底層，而自卑感，自然是來自原生於這個苦的階級裡。

當父親中風後，我再三抉擇考量，決定放下已有的學歷與準備開展的職涯，返鄉從農，那時我心中充滿著幽暗與陰影，有些「風蕭蕭兮易水寒，壯士一去兮不復還」的味道在，完全不敢把這決定告訴最親愛的老師與關心我的人，直到離開臺北的前一天，他們才知曉。

回首那一天，總覺得一定有些過去的因緣，才會讓這趟心路之旅變成必然。返鄉前一夜的佛學研討班下課，我將我的決定告訴研討班班長，她那充滿關懷之意的眼神我都還記得，她很殷重地告訴我，一定不能離開有佛法的環境，只有在有佛法的地方，心才能得到真正的自由。

我把這話聽進去了。返鄉以後，我還是先去找了有佛法的環境。其實在我的感覺中，並不是找到了這個環境，心就不苦了，更多時候像是緩解一下身心上的逼迫，在課堂上聽聞佛法的道理後，下課會感到特別開心，感覺又有心力去應對明天的紛雜與焦慮，周而復始。

這樣的日子不知道要過到何時，不知只要福報夠了，機緣自然就會到來。二〇一八年冬季大旱焦枯了一片我承租的茶園，剛好芳姊苦無人手能接管她的茶園，我就順勢承接過來，透過耕作她的茶園，我才明白什麼叫作自己的癡心妄想，看到芳姊這種「憨人式」的管理，居然有如此好的收成與作物品質，當下有種窗紙被一指捅破的感覺，全部都貫通了。

從此以後，我管理茶園的方式，就是以「健全活化土壤生態系」為目標，因應氣候與現地條件做變化調整。漸漸地，我發現我的茶園不再遭受茶角盲椿象襲擊，我使用的肥料愈來愈少，茶葉的品質愈來愈受客戶肯定，拿去分級比賽全得了獎！我沒有使用任何資材做防治，頂多是用手摘摘避債蛾，鄰居看我三不五時才去撒點肥料，更過分的是，肥料居然都撒在雜草上，在他們眼中看來，簡直是邪門外道。

這不過是從芳姊的茶園中證得的體會，當我們用一個整體的觀點來看待農業生產，運用緣起智慧突破慣性思維，所謂的「農法」並不是非得要如此才行，湊足現象發生的因緣，我們就能感受到天地對人類無私的愛，原來一直在身邊，只是被貪婪無明屏蔽掉罷了。

隔年年中，一日，我接到了果祥法師來電，他希望我能夠參加法鼓山舉辦的「心靈環保農業創生」研討會，做為青年代表，分享自己在有機農事中的心得體會。那時我很驚訝，我並不認識法師，為什麼法師會關注到我這個種有機茶的農友？或許是因緣成熟，也或許那時臉書的演算法，就恰巧讓法師看到我，而那場研討會的內容，就是這本《茶園裡遇見佛陀》的雛形。

研討會後，又接到果禪法師與常濟法師的邀約，至雲來寺長談，除了受邀一起參加隔年的國際青年論壇以外，果禪法師也邀請那時擔任《人生》雜誌主編的法師一起討論，那時法師就直接了當地說，希望我可以試著把學習佛法的心得，農事生產的親身經驗，與感受到佛法暗通農法的體會，用輕鬆活潑生活化的文字，介紹給《人生》雜誌的讀者們。

我永遠記得主編法師的善巧。名義上我是個被邀稿的專欄作家，但實際上我就是個農夫，寫作素人，近十年除了研究報告書以外，我幾乎沒有寫過任何抒情文。法師挑選了一些範例文章給我，並希望我先提交二、三篇文章讓他看看寫作風格是否合適，於是我洋洋灑灑地寫了三大篇科學農業與有機農業發展的歷史，以及論述佛法對有機農業發展可以有絕對的貢獻。

依稀記得法師是這樣回覆的。

「顯嚴菩薩，感謝您寄過來的文章，我看得非常過癮！都沒有想到原來有機農業發展的歷程是這樣子。

「但是，我們希望你可以用淺白易懂的文字，寫你生活的體會，你有感受的東西，讀者才會有感受。

「我們希望，文字是可以傳遞心意的。」

手機螢幕傳來的文字讓我楞了許久，原來我學了很多佛法知識，卻常常忘記體會佛法在自己身心上的作用，法師一席話點醒了我，該用心體會被佛法點亮的生命。

從那時候起，我開始觀察有機耕作路上出現的人、事、物，看著妻子揮汗在菜園裡工作，想像要如何寫下她犀利又天馬行空的理路；與想要從事有機栽培的農友對話後，他被我化成「榮哥」這個角色，點出自然農法中「自然」二字的真義；芳姊是我的好地主，是一個有福之人，也懂得如何造福，當然是透過與她的對話，說明想要順利做有機農業，福報有多重要。S君、小R、陳老師都真有其人，就連我參加工作坊的場景，平常在通訊軟體群組裡的討論，只要是其中有點禪意的，全變成我寫作的素材。

專欄的編輯師姊非常盡責，她總是非常善巧地提醒我「寫得太佛了喔」、「沒有積稿了，要努力喔」、「這篇超有畫面！就是要這樣寫」，若非她的提點，以我這種三天打魚兩天曬網的懶散個性，肯定是沒辦法完成一本書的。

把專欄最後一篇稿子交給編輯以後，我把放在桌上的《菩提道次第廣論》打開，這是影響我非常深的一本佛法著作。科判表上依序串修的內容，三惡趣苦、念死無常、皈依、業果、四諦、緣起、六度四攝、定、慧，由依止善知識串起，如珍珠瓔珞般閃耀的法類，原來已經散落在這三年來我的寫作內容裡。

佛法浸潤了我的生命，透過佛陀的眼，我看到該是百家爭鳴的農法，背後都有著一顆想讓世界更美好的心，彼此各有所化，交相輝映，好似一群菩薩說好一起再來一樣，你怎麼能不感動呢！

把我看到的這顆心寫出來，散在這土地上千千萬萬菩薩們，勤勉耕耘的行誼，就是這本《茶園裡遇見佛陀》。

第一篇 重新學習心農業

第二篇

以農法實踐佛法

第三篇

尊重大自然生機

第四篇

護生的慈心農法

第 一 篇

重新學習心農業

歸園自然

榮哥是竹山當地人，少小離家，目前是假日農夫，有一塊四分地的茶園。

他會認識我，是因為這小地方沒什麼祕密，他總聽說有個肖年仔（年輕人）不認真除草，懶惰不愛照起工，沒有認真施肥打藥，茶產量跟別人比總是很低，但這些年茶樹長得還不錯，如果再噴藥一定會更好更漂亮……

從他的口述中，我才知道「鄰人心中的我」是什麼形象，也大概知道兄臺來找我這個肖年仔所為何事。幾輪茶起茶落後，他開始吐出心中的糾結。

自然農法的迷思

「我回來接手這片茶園，其實是想從事自然農法，當初也有很多人給我不同的意見，最困擾我的是，到底要怎麼達到自然農法、不用農藥。」他雙手交纏托著頭，一臉苦惱。

「帶我進入自然農法的前輩，告訴我的轉作方法非常簡單，不要除草、不要施肥、也不要噴水，偶爾去拉拉茶樹上的藤蔓就好。這樣的方法讓我很不安，除了旁邊的鄰居一直告訴我，草會競爭茶樹的肥分外，雜草到底要留多長也困擾著我，常常我從臺北回來，面對的就是滿園與茶同高的雜草，除也除不盡，叢頭雜草拔除又費時費力。天氣濕熱，雜草長得又快又猛，我的體力只夠工作到太陽冒出頭，每次工作都有種無力感。難道從事自然農法，我的農園不能像公園的草皮一般美觀嗎？」他問。

果然又是「著相」的老症頭，我心底琢磨著該怎麼回答他。

「榮哥，你覺得什麼是有機農法？什麼是自然農法？你覺得你屬於哪一種農法？」我問。

「有機農法就是不用農藥、不用化肥，經過專門的驗證機構驗證核可，就是有機農業；而自然農法就是要師法自然，以我的茶園來說，就是自然農法。」

「那什麼是自然呢？」我問。

「自然……自然是很自然的狀態？」榮哥突然楞住，不知如何回答。

「那我換個方式問，你覺得一塊自然的田地裡，要有什麼？」我看著榮哥問。

依靠自然力量的農法

習慣從負面表列來描述有機農法或自然農法，我們似乎很少想過，一片自然的田園，應該要存在什麼。自然農法，是因為在這環境下，所有的事物都有其存在的緣起，彼此相互依存而成為這個整體，本自具足，故為自然。實行自然農法時，為何僅在田地播種，少用功力，就能長成肥美作物，不需要靠農人勤力多勞？是因為這方田地早已具足成熟作物的種種條件。例如，作物生長所需要的陽光能量、水分、礦物質養分與空氣，不需要靠農人勉力，在這片田地都可以自然不間斷地供應，我們便稱這樣的農法為「自然」農法，依靠自然的力量的緣故。

那麼，何謂自然的力量呢？最直觀的理解，近似於生命求生存的力量。試觀察一片葉子掉落到田地化成虛無的過程：枯葉落在田地，一時半晌看不出變化，三五日後，枯葉便出現不規則與凹凸崎嶇的坑洞；有時翻開枯葉，便看到不知名的節肢昆蟲逃竄。兩週後，只剩下脈骨與脈痕，能證明兩週前枯葉曾經存在，還有那曾被稱為枯葉的物件旁的土面，有一堆堆蚓糞顆粒堆聚。一個月後，若非刻意追想，否則曾經存在枯葉的土面，只剩青草茵茵，或許還有野芳綻放，以及不遠處又一片片的落葉枯草，重複這樣的過程。

「落紅不是無情物，化作春泥更護花。」中國詩人龔自珍看花開花落有感，英國爵士把眼光放至那方春泥，有機農業的鼻祖艾伯特．霍華（Sir Albert Howard）在一九四〇年出版書籍《農業聖典》（*An Agricultural Testament*），寫了這樣一段話：「生命之輪由兩個部分所構建：生長與分解，並互為彼此的另一面。」是的，生命無非就是為了求生存而努力，落在土壤的葉子能成為繼起的生命，節肢昆蟲、蚯蚓、真菌、細菌、原生動物、線蟲、哺乳類、爬蟲類等，依序繁榮的因緣，這片葉子的落下，便與這個環境無法分割。相對地，當這些生物為求生存、繁衍所做的種種努力，最後死亡回歸大地，這方春泥便具足植物萌吐新芽繁榮成長的所有條件，因為如此，才能是本自具足。

有機，就是有生機

如果農人沒有認知到這一層，何能稱所做為自然？如果已經體會到這一層，不管是有機農法也好，自然農法也好，友善農法也好，什麼名相都好，他都已經走在與環境共處、共存、共榮的這條路上。

有機，就是有生機：土壤有生命，環境有生氣，如此才有孕育健康作物的條件，農人一切農業作為——除草、不除草、噴水、不噴水、施肥、不施肥、噴藥、不噴藥等，都必須圍繞著這個中心理念而為，知道自己在做什麼，自然就心平氣和，不會為眼前一片雜草蔓生而慌亂，也不會心生妄想把自己的田園打造成公園了。

「所以，如果拔下來的草可以幫助豐富土壤生命，那我就拔；如果天氣太熱，除草會讓土壤太乾，傷害土壤生態系，那我就不拔。如果像公園一樣的草皮不能豐富生命，那種草皮就沒意義；如果雜亂的草有助於田地健康，那何必一定要它整齊乾淨。」榮哥喃喃總結。

「這席茶沒有白喝，你得到它了。」我笑著再為這位菩薩斟上一杯茶，同行路上多此一友，想來也是彼此的福分了。

除雜草？除心草？

前陣子友人來農場交流關於有機、自然農法耕作的經驗，一番深談，賓主盡歡，唯對除草這件事情有些不一樣的看法。

「有沒有方法可以降低除草的頻率？」友人問，帶著滿滿的無奈。

雜草令人煩

自然農法耕作很理想，現實的是要面對雜草的問題。以茶樹栽培而言，前三年茶樹尚未成株前，就必須認真地除草，避免雜草影響茶苗生長。夏季高溫多雨時，平均每一至一個半月即需要進行人工除草，不然，幼小的茶苗會被雜草覆蓋，無法進行光合作用，嚴重的話，甚至會死亡。

一般慣行農法使用除草劑對付雜草，農夫只需要花一個下午，就能控制農園不會「蓬頭垢面」，清爽乾淨，感覺上也不會影響茶樹生長。又或者使用覆蓋的方式控制雜草，在茶樹根部覆蓋大量的花生殼、甘蔗渣，或者披覆塑膠布、抑草蓆，不讓雜草增加工作負擔，因為在烈日下除草，真是難以言喻的辛苦。

隨著友人講述他的看法，思緒回到多年前開始植茶的日子。不知自己哪來「憨膽」，放手種了一甲多的茶園，幻想一望無際的有機園地現在眼前，真有說不出的豪情壯志。只是這樣的妄想，全在夏日除草時打回原形。臺灣中南部淺山夏季高溫，多有午後雷陣雨，炎熱潮濕，在田裡工作時，八點不到，太陽炙曬在背上的感覺如同火燒，用「汗如雨下」形容身體失水的狀況還不夠，簡直是「汗出如山洪暴發」，停下工作時，衣服內外都濕透了，超級狼狽。

看到這菜鳥的慘況，前輩們紛紛提供以前植茶時的經驗，多數人用花生殼覆蓋，現在也有人改用人造織品，甚至建議車回紡織工廠的下腳料作覆蓋，最後我選擇了一個聽起來很棒的方案——落葉歸根。這是一位學長提供的建議，他認為樹葉本是自然界的產物，春末在校園、公園有大量的落葉，何不使用這些落葉進行覆蓋，抑草、保濕又保肥，可以收到好幾重功效，何樂而不為？

因此，第二年面對新苗，我老早就做好了準備，買上幾支竹掃把，每天到附近學校掃落葉，收集成袋載到茶園裡，仔細地在茶苗旁覆上落葉，只消半個月，茶苗旁就都覆上了落葉，感覺十分良好。

弄巧成拙除雜草

只是過了二個月，走到茶園時，發現茶苗全都病懨懨的，不但沒有新芽長出，死亡的苗也不在少數，許多的葉片都出現缺氮的狀況。仔細想想，枯葉的碳氮比高達一二〇左右，在一片葉子準備落下時，植物早已將可以利用的養分轉移到體內，剩下的只是碳殘渣，微生物在分解這些碳氮比高的落葉時，會大量抽取土壤表層的氮素，自然就造成植物生長不良，缺氮的情況，只得趕快撒些豆粕補救。

本以為解決氮的問題就沒事了，卻又冒出其他的問題。因為提供大量氮素，田地裡出現鱗翅目昆蟲啃食茶苗幼葉，許多茶苗被吃得只剩一根骨頭，奄奄一息，眼看搶救無望，也沒能力耕作那麼大的面積，就直接放棄，乾脆等明年再重來。

待年底除草準備明年工作，茶苗果然被雜草蓋得奄奄一息，心想過陣子就重新補植，誰知一個多月後，原以為要陣亡的茶苗吐出新綠，這次不敢自作聰明，乖乖認真除草，拉長戰線，每年只照顧五分地的新苗。三年過後，原先孱弱的茶苗蔚然成片，竟與慣行農法照顧的茶園相距不遠，鄰人也直呼真是奇蹟。

現時回想，用種種方法抑制雜草生長，是為了要減少工時投入，卻反而帶來了更多的工作，讓茶樹生長不順，徒增憂惱。對現況沒有全面性了解，用自以為是的認知去應對，也沒有仔細參照鄰人或同業經驗，都是「事倍功無」的原因。如果能早點跳脫出「我覺得……」、「我認為……」、「我想要……」，總以「我的舒適」為核心出發的思考，或許就能避免掉前些年那段苦爆了的迷航之旅。

雜草變寶草

這些年的經驗，反倒益發感受到田園間有雜草的好處。只要有雜草覆蓋，土壤不至於過乾。中南部的枯水期長達半年，田裡有雜草，正好是幼齡茶樹最佳的保護。

過去老一輩的印象會認為雜草「吃肥」，所以會想要認真除草，讓作物生長更好。但依自身經驗，田間雜草反而「有肥」，除了割除的雜草是最佳綠肥來源外，研究也指出，植物的根圈是土壤微生物活性最高的區域，因為植物為了要獲取礦物質，會將光合作用合成的有機物送到根部分泌出去，土壤微生物在植物根圈攝取這些有機物做為能量來源，並放出有機酸，讓土壤礦物中的礦物質離子化，使礦物質得以溶在土壤水中，被植物利用吸收。換句話說，當農人割下雜草放在田間，留下不影響生長的雜草覆蓋，就好像替土壤施肥一樣，一兼二顧。

原先雜草被農人視為敵人，所以稱呼上有個「雜」，意思是不被需要、多餘的，這些年愈發了解雜草的好處，把雜草視作耕作體系中的一環，如此還能稱雜草為「雜」草嗎？從取代肥料和長時灌溉的角度而言，或許該改稱雜草為「寶草」，對自然農法的農人而言，更為貼切。

萬物本非獨立有，脫離我見、我執，用整體的角度去觀察、思惟，世界將變得開闊。田間草木恣肆依舊，天頂驕陽仍無忌地放送熱力，我還是蹲在茶樹旁默默割草，只是接受了「草」的存在與好處，身上的炙熱不再變成心上的惱熱。

還是老實除草

「你覺得有方法能不要除草嘛？」朋友皺著眉頭問。

「我的經驗是，乖乖除草最實在。」我回答，心底想哪天能有機會帶朋友認識佛陀的想法，才能真正解決他的苦。他聽到我的答案，托著下巴嘆氣，但我真心隨喜他願意投入自然農耕，畢竟這種苦，還只有有福之人才吃得到，如果能在園林草木間開悟，豈非大福！

靜觀省力處

農場內，有塊地最近做了「起土入石」的工程，工法如下：使用具有篩斗的怪手篩分石塊與土壤，先將石塊鋪在土層底部；再將過篩的土壤鋪回田地；之後須種植綠肥作物或者撒上草種；經過半年至一年的穩定期後，方可種植作物。這樣的工法視土層整治深度與土壤特性決定工期長短，每分地整治成本從三萬至十萬不等。

悲欣交集的一課

附近的農友驚呆了，在南投淺山區域，每分農地的租金每年大約是五、六千元，怎麼有人會投入如此高的前置成本去整理一塊地！如果為了要種植作物，只須把地表雜生的草木清除就好，何必費這麼大的工夫？別人不曉得這塊農地可真讓我「悲欣交集」，「悲」的是從返鄉起在這塊地上的血淚耕作史，「欣」的是終於看見真正的問題，並且有改善的方法。

原先父親經營農場時，這塊土地整平了用來種茶，但經營近十年，種植的茶樹未成氣候，父親因為中風無法再照顧這片茶園。在我決定返鄉務農後，母親就殷切地交代：「你接手後一定要先趕快整理這塊茶園再投入生產。」那時急著想做出一番成績的我，每天悶著頭除草種茶，希望茶園快快恢復生機，奈何數年過去，這塊地上的茶樹不但沒有愈來愈健康，狀況時好時壞，也沒能從這塊地上收成。

翻閱父親的耕作紀錄，土地整理、茶樹苗栽、澆灌水管設備、肥料、防治資材，這塊地就投入了近百萬的資金，還不包含自己的人工。我回來接手後，修繕損壞設備、投入粗纖維有機肥改良土壤、苗栽補植，前後也花了近二十萬，相信明天會更好，卻看不到哪天真能含笑豐收。

直到有次，剪茶的師傅來這裡工作，說：「你這是死土，發的是水草，茶怎麼會種得起來？」一語驚醒夢中人，我的專長是土壤調查，怎麼沒想到在種地之前先好好調查這塊農地的土壤呢？

剪茶師傅的當頭棒喝

在這次「起土入石」的工程前，我先挖了一個一米見方的土壤剖面仔細觀察，水在土壤層中的移動主要靠毛細現象，當質地不連續層出現時，土壤層中的毛細管路中斷，因此滲流水就會積聚在質地突變交界處，無法流動，進一步因空氣無法進入土壤層中，產生土壤還原，如果植物種在這樣的環境中，就好像窒息一般，無法呼吸獲取能量，只有少數耐受性較好的野草能存活，完全印證了以前剪茶師傅的觀察。戰國時期，子路向孔子說，樊遲想跟他請問農事，孔子回答：「我比不上有經驗的農夫。」我讀了一個農學碩士學位，在田裡瞎忙數年，還好善根福報都夠，能被一個有經驗的剪茶師傅當頭喝醒。

其實，關於質地不連續層造成的土壤排水不良，耕作前應該要先調查土地利用歷史，或者從觀察地被植物得知土壤層狀況，我相當熟稔這些技能，為什麼在自己耕作的田地，就忘記要先觀察呢？

回想剛返鄉的那段日子，風風火火地做了許多事，像是為了向人證明自己到哪裡都可以開創出一番天地，結果連調查的基本功都忘記；想要開展良田萬頃，卻看不見心底的陷阱，代價就是一事無成又白花金錢。我學習這麼久，卻沒有用上觀察的智慧去應對處理，真該到佛的面前好好懺悔。

付了高額學費之後

另外，若能靜心留意此區域耕作條件的變化，也能避免繳交高額的「學費」。在我小的時候，桶頭這地方早上都起著大霧，從清水溪帶來的水氣滋潤著這片山頭，按著節氣與農人的作息律動，農地是剛從原始竹林轉開墾的新地，也因此少費心力就能產出高品質的好茶。然而，在我回鄉接手茶園的這些年，氣候轉為極端異常，以前每日早晨的霧氣已變得稀薄，雨水不再按時而來，前半年不下一滴雨，雨季時又能一天落下一整季的雨水。

以前土壤層結構不佳、無法蓄水，具犁底層（因水田耕作形成的土壤難透水層）與質地不連續層排水不良的問題，在風調雨順的情況下並不會被放大；現在極端氣候的條件下，農人若不注重耕作農地的本質，即使比以前加倍努力，可能也會落得血本無歸的下場，現代有機農夫不僅需要信念與勇氣，更需要順天應時的智慧，與洞見問題本質的能力。正確的見解，可以幫助我們在有機農業上，走得踏實又心安。所謂正見，就是不顛倒的見解，非妄想而產生的見解，而什麼又是顛倒錯謬的見解？例如不談業果、忽略緣起的見解。想想以前不事觀察，投入就急著想有豐收的結果；一遭受失敗，怪老天不眷顧，還讓瞋心盤據心頭，這不就是用邪見做有機！做得成，豈不沒有道理。

或許是福報與機緣都到了，先有剪茶師傅來記棒喝，停止無效工作投入，後又讓我尋覓到嫻熟於農地改造的怪手師傅，能夠依照現地條件做農地改善工程，只待今年穀雨紛落，便能印證農地改善的效果。

工程結束後，怪手師傅給了我一張請款單，我爽快地在確認欄簽上名字，這學費很貴嗎？對比過去父親與我在這塊地上的血淚耕作史與開銷紀錄，不禁滿足地輕嘆：「學得到，真好。」

當頭「樑」喝

去年（二〇一九）整修農場老屋，設計師交代，整修後每隔一至三年，樑柱都必須上一次護木漆，也不妨將過程當作「人與老屋」的對話，於是趁春茶開採前空檔，執行設計師囑咐的工作。

老房是典型的閩式一條龍建築，正面柱高丈二，還需要架梯才能將護木漆上滿整根柱樑。拿著漆桶與鬃刷，專心地踏梯上漆時，冷不防「砰！」一聲，撞了個眼冒金星，原來頭碰了柱上的抱頭樑。待氣神稍微恢復，摸了摸頭，心想這是消業障，可千萬別又發瞋！於是繼續埋頭工作，結果換個位置刷沒幾下，又是「砰！」的一聲，差點跌下梯子，原來又撞上另一根斜撐樑。

飽嘗慣性模式的苦果

怎麼會一直撞上呢？我觀察了一下自己刷護木漆的動作，仔細地盯著柱子，由下往上刷，必須十分專注手上的動作，踏梯而上時，如果只注意在柱子刷漆，忽略柱上的抱頭樑時，就會發生當頭「樑」喝的慘況。如果抱頭樑的數量密集，或許會在上上下下時注意，偏偏抱頭樑只會在結構柱出現，如沒注意到正在結構柱動作時，就容易因為上下刷漆的習慣動作，撞個滿頭包。

太習慣舊有的模式，忽略條件改變，導致痛苦產生，這樣的情況在我的生命中屢見不鮮。返鄉從事有機耕作這些年，根深柢固的學院派教育思想，讓我吃盡苦頭，以作物的施肥舉例，學校裡教授肥料學的老師表示，因為有機肥屬於非速效型肥料，需要生物作用才能達到肥效，而有機栽培又需要靠有機肥提供肥力，因此以施用合成化學肥料計算出施肥當量（科學上與指標相對應的標準量），若農人改使用有機肥料時，除了施用當量必須充足外，尚要考慮生物轉換因子。

話說得繞口，不如舉個簡單的例子：如果一分地茶園每季需要施用二十公斤的尿素，改用氮含量高的黃豆粕，加上微生物分解的時間，則需要施用二百公斤；如果改用氮含量低的自家堆肥，根據計算，需要施用一噸以上，如果每次可以扛二十公斤的肥料，使用農家堆肥，就需要來回走五十趟。這也是早期臺灣剛推動有機耕作時，有機農民叫苦連天的原因之一，身為「肥料工業之父」李比希（Justus Freiherr von Liebig，德國化學家，有機化學與肥料工業之父）的徒子徒孫，自然要對這樣的狀況想因應對策。

我想得簡單，只要想辦法把難分解的有機肥，透過發酵、菌種分解、液肥化，不就可以達到「有機又速效」的效果？所以常常可以看到我拖著高壓液肥管於田區來回穿梭。但這樣的操作，因茶樹健康狀況劣化而打上問號，茶菁的品質也不見提昇，製茶師傅點出茶菁葉片太軟、營養過剩，以至於不利茶葉走水氧化的問題，矛頭都指向施用太多有機肥。

願意改變才有轉機

按照計算，施肥量應該不足，怎麼會太多呢？隨著種植的觀察愈來愈久，才慢慢發現問題的可能原因。以前在學校學習計算肥料的施用量時，都是假設田地是一塊大盆栽，沒有其他的管道帶來營養源，但真實的情況是有機田地並不像盆栽一般四周完全阻隔，生物活動可以滋養豐潤這片土地，而不需要投入大量資材。

曾經有一位教授森林土壤的老師，課堂上問我們都知道葉片需要氮營養才長得漂亮，那長在森林中附生的鳥巢蕨那麼漂亮，樹皮又沒有營養，誰又能幫忙施肥呢？答案令人意外，原來昆蟲為了覓食來到樹上，留下排遺甚至屍體，就成為鳥巢蕨成長的養分，如果把鳥巢蕨視作森林的一部分，那生物的流動就是豐養鳥巢蕨的關鍵。

我的田地也是一樣呀！由於沒有使用農藥阻絕生物的自由進出，沒有使用除草劑使野草提供源源不絕的碳進入地下生命世界，也提供昆蟲、動物食物的來源，這些訪客或住客，就為茶園提供天然且供應無虞的營養，茶樹自然就健康了。難怪當我繼續施肥時，茶樹表現出施肥過量的狀態，完全呼應生物動力的觀點。這些年茶園管理時，也不刻意施加肥料，結果是產量愈來愈高，製茶的品質愈來愈好，如果照著老習慣不斷施肥，肯定對茶樹是一番大災難。

願意改變習慣還算是幸運的，農園附近的一位老農也種茶，走在他的田地上，看到滿地藻斑，知道長輩施肥過量，好意提醒他不用再施肥，但長輩卻反映我完全不了解茶葉，葉片不成長當然是因為肥料不夠，還有養分被附生藻類吸收，只要除去附生藻類，努力添加肥料，自然又會有好收成。我看著他棄置滿地的肥料袋，也只能任他去，只希望有一日老農無法繼續耕作這片土地時，我還能用自己的知識與經驗，幫助這片土地恢復元氣。

在《本生論》中，馬鳴菩薩寫下偈子：「由修善不善諸業，諸人即成慣習性，如是雖不特策勵，他世現行猶如夢。」其實不用待他世，就在這一期生命中，我們往往不了解自身行為所造成的後續影響，順著自己的習慣行事，三不五時撞撞頭就算了，萬一連自己未來世的安樂都賠進去，我們豈敢不小心行事？

從這點看，有柱子能撞頭，也未免太過幸福了！摸摸老屋的抱頭樑，想想佛菩薩的叮嚀，真心感謝，有你真好。

土地的滋味

回到家鄉的這些年，重建了農場，修建了老房，也逐漸再融入桶頭這地方的人、事、物。

前年（二〇一九），桶頭國小校長詢問我：「是否可以帶小朋友雙手碰觸土壤，熟悉農事？」於是開始帶小朋友開挖校園裡的土壤、墾殖菜園。這堂課對一個新手教師而言，相當具有挑戰，學期初雄心壯志規畫了一堂又一堂的探索課程，但幾次課程下來，發現小朋友還是對玩跟吃最有興趣。

「孩子嘛……」心底嘆了一口氣，只能默默調整課程，菜園也幾乎是以少擾動、少除草施肥的方式經營，對比隔壁村中長輩們打理的菜圃，菜蔬個個碩大肥美，小朋友們種的菜像是營養不良，索性找一天課程，在田間擺開炒鍋與快速爐，讓小朋友們拔自己種的菜，現場即炒來吃，小孩們吃得不亦樂乎。

神奇的發酵蔬菜

課後，還有一整袋切好的菜，就把這些菜帶回農場，準備自己煮食。沒想到一忙起來，這包菜被丟在冰箱裡，直到兩個星期後，我們才想起來，冰箱裡還有切好的一包菜。

「大概爛光了吧。」我一邊想著，一邊打開冰箱取出那包蔬菜，結果令我十分詫異。因為一般蔬菜冷藏兩個星期，也會臭敗腐爛，可是這群小孩種的菜，加上又切過，僅僅稍稍脫水枯萎，打開塑膠袋，只有淡淡的發酵酸味，沒有想像中的惡臭。以前雖早就知道自然農法的健康作物不太會腐敗，親眼目睹還是嘖嘖稱奇，可以想像的是，由於植物細胞中沒有暫儲過多硝酸鹽、胺基酸與醣類，也沒有微生物快速繁衍的條件，因此不會有明顯的腐爛現象，但為什麼走發酵的反應就不得而知了。

其實這幾年的茶樹栽培經驗裡，也有類似的觀察。早些年比較注重土壤與茶樹肥分的充足，會努力地補充富含氮磷鉀的植物渣粕，認真地檢驗土壤肥力，感覺該做的都做了，但茶樹常常受到病蟲害侵襲，茶葉的品質不能說不好，香氣滋味都有，就感覺茶湯裡缺了些什麼。這幾年逐漸轉向低管理、低投入、順勢而為的自然農法栽培，去年（二〇二〇）生產的茶品就讓我十分驚豔，不但比賽得到名次，浸出的茶湯放兩、三天也不會變色，茶渣放在空氣中一個禮拜也不會發霉，茶湯還出現了久違的「出油感」。

我們的老客人說：「以前的茶泡好放著會出油！就像油浮在水面上，湯面會出現一層半透明感的漂浮物。」客人表示早期剛轉作有機時，我們種的茶不算順口，但就會有出油感；後來茶葉的口感愈趨於穩定，這種出油感也跟著消失。當我見到自己種的茶又出現出油感時，心底明白土地的滋味又回來了。

找回土地的滋味

現代的農業科學，講求有效地提高作物產量，所關注的品質，例如外觀、甜度、形狀、顏色等，因而發展出種種所謂「農業技術」，目的就是要能產出高產量，因為愈多的產出似乎代表愈多的快樂，不知不覺中，農人就串習了強大的貪欲與執著，就算是從事有機耕作的農人，也多半帶著這樣的想法耕作，因此努力施肥、耕犁、防治。

這樣的貪欲，會漸漸地使得農人的見解變得偏狹，而忘記農業生產必須基於土地原有的條件。於是農人生產的農作物，逐漸失去土地的味道。老一輩的人描述的更有感，他們說以前小時候吃的菜都很有「菜味」，果實不美但有酸有甜；現代的蔬菜水果都很漂亮，但菜沒有菜味，水果都死甜，大抵就是沒有土地的味道。

從土地的味道又可以延伸很多聯想。福岡正信「身土不二」的哲學最直觀，就是「我身所處的土地就構成我身」，食物就是土地與身體的連結，若是如此，啖入沒有土地味的食物，又如何滋養身體？

國際有機農業運動聯盟（International Federal of Organic Agriculture Movement, IFOAM）發起人之一的伊娃・巴爾芙夫人（Lady Eve Balfour）基於這樣的觀點，提出因攝入不健全的食物進而使身體不健康，要醫治人身體上的不健康，先從培養健康的土地開始。戴芙妮・米勒（Daphne Miller）在她的暢銷書《好農業，是最好的醫生》（*Farmacology*）裡描述的故事，也可擷取出類似的見解：只要治癒了土地，種出健康的農作物，人就可以因食用這些健康的作物，身體逐漸被治癒。或者更直白地說，人本來就該吃有能量的食物。

地味構成的身體

《佛說起世經》有段很值得玩味的描述，佛說現在我們所居的世界形成了以後，地上自然長出了地味豐滿的地乳，地乳凝結以後形成像奶油一樣的酥酪，有居住在光音天上的天人觀察到了這個現象，心想：「我可以用指頭沾一點嘗嘗，知道這是什麼。」於是沾取了一些地乳舔拭，覺得太美味了！因此不斷伸手指沾舐，最後掬捧飽飲，其他天人看到了以後，也跟著仿效。由於地味吃多了的緣故，天人本來光明的身體逐漸變得麤惡，也不再有飛騰虛空的神通，只能停留在地上，變成現在的人類。

或許人的身體就是由這些地味所構成，因此在還無法以禪悅為食前，吃到有土地滋味的食物時，身體才會感受到飽足，也因此有些身體感受較強的朋友，才會汲汲營營地去找尋這種土地的滋味。或許像小孩一樣無所求的心，才會無意間種出這種地味充足不會腐爛的蔬菜吧。想想，到底我們需要怎樣的農業耕作呢？

所思與所為的相互印證

時代在變，農人也會在案頭常備「書藥」，以資服用，如果一開始就確立要朝自然農法、有機農業的方向走，那更該備些奇藥明方，來治治總以自己見解、感受為主的病。

我學土壤化育與農業化學出身，相關的背景知識已透過教科書建立，從事有機農業後，閱讀的書目：一類是建立自己的信仰所讀，另一類是有機農業界所公認必讀的「聖經」，兩類書籍所詮內容不見得衝突，甚至有相通之處。

當所聞、所思與所為能相互印證，指出自然農作的方向時，農人就不易為眼前一時的風浪而失了方寸，更篤定地行至理想的彼岸。

金恩博士　學習東方農夫智慧

如果說有機農業是不使用農藥、化學合成肥料的農業生產方式，那麼，在農藥與化肥發明前的農業生產，是否屬於有機農業？那時的農業生產方式為何？富蘭克林．希拉姆．金恩（Franklin Hiram King）用一段行旅回答了這個問題。在他的著作《四千年農夫》（*Farmers of Forty Centuries or Permanent Agriculture in China, Korea and Japan*）一書，描述了二十世紀初季風亞洲的日本、韓國與中國農民耕作方式，五個月的旅程中，金恩博士看到東方農民如何投入大量人力讓土地與資源循環毫不浪費，這是季風亞洲區以少於美洲大陸的耕地數量，卻能養活數倍人口的祕密。

東方農夫之所以從田地中取出大量有機質，仍能維持田地生產力的理由，在於盡一切所能地將無法利用之物質回歸土地，包括生活中的有機物廢料、稻葦竹稈、山林裡的草葉、人與牲畜的糞便等，並利用地形保水保肥。對比當時美國農民不經觀察地開墾土地，不注重水土保持並持續性地深耕，都市生活之排泄物直接進入環境水體與海洋，造成環境汙染，使物質無法於農業體系中循環，最終將導致生存體系的崩潰。這本遊記讓農人回到尚未普遍使用農藥與化肥的年代，是永續生存的關鍵，耕作者認知自身生存資源的有限，所以勤奮勉力地維持物質與能量的循環。

架上的另外兩本書就能更清楚地解釋印證金恩博士的觀察，一本是艾伯特．霍華爵士的《農業聖典》，另一本則是大英格蘭土壤協會，即後來的國際有機農業運動聯盟，其創辦人伊娃．巴爾芙夫人的《活土壤》（*The living Soil*）一書。

霍華爵士　啟動生命之鑰

在《農業聖典》中，霍華爵士詳細描述他在印度印多爾（Indore）區域所發展的堆肥方法：把植物殘渣（菜渣、荒地雜草、綠肥植物、甘蔗莖葉）、動物殘渣（畜糞尿、家禽糞便、骨頭、廚餘、血……）、調整材料（木屑）等，在挖好的坑中依序堆疊後，堆置過程間調整材料濕度，並用二英寸的粗棍製造通氣孔後，靜置發酵腐熟，該材料堆須按時進行攪拌翻堆直至穩定，整個製程約費時三個月至半年不等。這其實就是現代堆肥方法的濫觴，霍華爵士描述該區農地使用堆肥後，對甘蔗、水果與水稻在產量與品質上有顯著改善。

他在這本著作中提出「生命之輪」的概念：從整體觀點來看土壤肥力。一邊是成長，另一邊是崩壞；在自然耕作中，這兩種互補過程維持著平衡。由這樣的角度觀察，我們的日常生活也可以視作生命之輪運作的一環，人們從自然中取出資源維繫生命，剩下無法利用的部分就回歸大地重新化作春泥，正所謂「人養地，地養人」。霍華爵士是在一九四〇年寫成這本《農業聖典》，行文過程，他也提到《四千年農夫》，或許他在印多爾褥熱的夜裡，也曾遙想金恩博士在東方的所見，究竟是何番豐盛光景。

金恩博士的遊歷見聞，成為三十年後霍華爵士豐養印度農村的線索，而霍華爵士的學說，又成為另一位有機農業先驅巴爾芙夫人，欲建構健康的英國農村的依據。巴爾芙夫人是英國第一批學習農業的女性大學生、教育家、英國有機農業的先驅，以及世界有機運動的發起人。她注意到農業環境受農人使用化肥與農藥所改變，也注意到食用以這種方法產出的農作物，對英國與世界人民的健康可能有影響。

巴爾芙夫人　霍利試驗活土壤

巴爾芙夫人想著人們若要有健康的身體，就必須食用健康的食物，而健康的食物又來自於健康的土地。何謂健康的土地呢？該是有充足的有機質與土壤生物，充滿生命力的土地！為了證明此點，她與夥伴在英國霍利（Haughley）進行了第一個長期作物試驗，比較使用化肥的慣行農法與使用堆肥的有機農法對作物生長的影響，企圖用科學的語言成立她的見解。《活土壤》除了寫入巴爾芙夫人對農業的理想與對世界的關懷，也是她在霍利進行種植試驗的報告。

有趣的是，金恩博士行旅上的見聞，成為霍華爵士提出土壤生命之輪觀點的佐證；而這兩位的思想見解，又堅定了巴爾芙夫人進行霍利試驗的決心。佛法上聞、思、修的修證，通常會在同一個身心相續上觀察，在這些有機農業的經典書籍裡，可見到在不同的時間點上，作者們對於同一問題的提問：「我們該用什麼樣的方式進行農業生產？」恰如其分地接力研究證明，或許這也反映科學革命後，西方世界的思維觀點：即使是片面的智慧，只要進行足夠多的觀察，一樣能總結出真理與方向。

真是如此嗎？如果佛法就是真理與方向，為什麼科學歸結不出佛法呢？「佛陀能解答我的疑惑嗎？」我望著桌前的釋迦牟尼佛像，內心低喃。

與福岡正信的對話

即使日本農學家、哲學家、自然農法創始人與提倡者之一的福岡正信（一九一三～二〇〇八），已過世十幾年，他所留下的自然農法思想，仍讓非務農者覺得浪漫不已，務農者感到不可思議，農學家認為是天方夜譚……

架上的《一根稻草的革命》、《無III　實踐篇　自然農法》，被許多自然農法職人奉為「經典」，能略窺福岡先生自然農法哲學的時空之門。隨著翻開的書頁，帶我們回到一片豆麥共生的田地，猶如看見他望著風拂過這些作物，時作沉思。

世上真的有神存在？

「你認為這世界上有神的存在？」

「是的，我認為這世界上有神的存在，只是人們接近神、崇拜神、想像神，帶有條件地接近神，都會阻礙人們真正地接近神。」福岡先生回答。

「所以，你認為人們該怎麼接近神？」

「簡單極了！把自己當成初生的嬰兒，就用這樣的方法去認知這個世界，不帶有任何的成見，不帶有主觀的觀念，不想、不看、不做，是什麼就是什麼，就是如此。」福岡先生喃喃地說。

「為什麼什麼都不想，就可以接近神呢？你看到的真的是神嗎？」

「那你現在癡心妄想，怎又妄圖能見到神！神怎能用帶有偏見的分別心去揣度！人的所有想法、假設、概念、知識，其實都是分別心作用出來罷了，用這樣帶有偏見的視角觀察，看得再多也無法看見全貌，只是把錯誤看為真實，又如何能用這樣的方法看見全面呢？」略為蹙眉，福岡先生語重心長道出，世人總是用分別心看事物的盲點。

一場病的啟發

以上的對話，是他經歷肺炎，近乎喪命後，對「我」的感受產生前所未有的破滅。原來知識、想法，在死亡面前完全派不上用場，只能被動地接受死亡的到來，原先以為「無所不能的我」，其實什麼都辦不到。「那就徹底地放掉我吧！」他這樣想著，於是沉沉地睡去。

隔日醒來，福岡直視著醫院天花板，心裡浮現起一個念頭。「原來什麼都不存在，一切作為都是妄想徒勞。」他在心底喃喃低語著。

出院沒多久，他向工作的試驗站提出辭呈，回到故鄉愛媛縣，開始水稻與柑橘的栽培，並準備用剩餘生命印證他垂死前的體悟：「一切無用。」

故鄉的人看福岡先生，覺得他瘋了，提起鋤頭到田間站了老半天，回屋吃碗大白米飯佐著醬菜，整個午時呼呼大睡，不似農人勤奮作派。別人春前努力整地除草耕耘，他只在田地裡撒些豆種，連上季的麥根都在土裡；別人春分揮汗插秧，他只撒些和著稻種與豆草的泥土丸子了事，那是科學農業當道的年代，化肥的使用正在推廣，他卻連農家肥都懶得下。

「會有報應的。」鄰人經過福岡的田地，竊竊私語。

秋分寒露，農人收割，彼此較量著田地產量，當他們看到福岡的稻米產量時，不禁傻眼了。同樣的面積，福岡的田產量不比那些勤奮的農民差，稻粒更是晶瑩飽滿。

「因為你們都想太多了。」福岡低頭搓著泥土丸。

人類一旦開始用分別心去了解自然，就注定不可能全面地理解自然；人一旦有了分別心，所見就只是自己的片面認知，在現象上強加關聯，其實本無所有。

回歸初心認識自然

「為什麼不像個嬰孩一樣看世界？不帶任何的假設前提，視自然的所有為一體，不以相對性、片面性觀察事物，站在超越時空的立場，擺脫暫時性、局部性，不要有欲望地觀察，就讓現象流進自己的心。」福岡先生抬頭。

「你怎麼知道要如何農作？為什麼知道用綠肥與作物生長時節，抑制雜草生長？為什麼知道作物的栽培組合與時節？這是沒有觀察嗎？」

「我說過了，我只是專心地侍奉自然，而它會告訴你的。」福岡先生站直身子。

科學農法僅是附帶條件的真理，並以此而滿足；自然農法則是極力排除前提條件，以不帶條件的真理為目標而努力。自然農法之道，一定要從自然脫去人為的衣裳，再除去主觀概念的外皮才行。

就拿柑橘來說好了，農人為了農藝專家所說的高品質，將樹形修剪壓彎成適合作業的狀況；施用肥料企圖讓果樹吸收更多的養分；割除了雜草，想像養分不會被競爭，實際上都使柑橘受害。所謂的病害、蟲害，不過是因為人類的作為讓這些現象發生，即使產出了柑橘，真能滋養我們的身體嗎？

這種由分別妄想建構的生產方式，最終也不見容於自然，就像非自然樹形、經修剪過的柑橘，最後會被天牛等昆蟲吞噬。農人若能在過程中了解自己的癡心妄想，豈不是自然給予的體悟？

「人只要知道自己並沒有了解，這就足夠了。只要放棄分辨，無分別的智慧自然而然就會一湧而出。如果不想了解、不想明白，那麼明白之時就會來臨。」福岡先生撿起面前的一根稻草，直視稻草。

福岡先生的自然之道

「我僅是透過這方自然安立我，我就是這方自然，農耕是我的道，這是我所能做的最小限度的工作，也是我最大限度的工作。我於此之外什麼都不要做，而且什麼也不能做。」

「你的道有人能理解、跟隨嗎？」

「無所謂，即使沒有人知道此道，我行足矣，這就是我最後想講的話。」

闔上福岡先生的著述，似懂非懂；我望向佛龕的佛陀微笑不語，持轉法輪印。我心想：福岡先生述說的「道」，您也有嗎？

農學與佛法的交會

書架上除了農學相關書籍，還有與佛法相關書籍，這兩類書籍乍看似乎沒有關聯，隨著自己在有機耕作的觀察、體會益深，逐漸體會到聖嚴法師曾說的「佛法這麼好」，得以讓農學借鏡。

剛回鄉時，我用所學的知識來種茶，一開始取了土壤，寄到實驗室化驗，幾星期後，實驗室來函說明檢驗結果：「土壤有機質不足，需要補充有機質。」我心想，既然要補充肥料，那順便趁勢讓茶樹根部能往下延伸，於是買了一部鑽孔機，打了兩、三千個灌肥洞，倒入腐熟，想像茶樹的根會延伸到充滿養分的洞，並順勢往下扎根。

土壤愈有機愈好？

來年開春，茶樹新芽確實長得油亮，但過沒多久，這片茶園迎來嚴重的蟲害，所有的茶芽嫩葉都被吃得精光，枝條上攀著滿滿的毒茶蛾，看了就覺得可怕。那年的春天，我的貢高氣焰深受打擊，對於有機農業卻有更深一層的體認。

如果有機農業指的是不使用農藥、施用有機肥料的農業方式，那麼，有機肥料施愈多，這塊地應當愈「有機」，為什麼我的田地多施了有機肥，卻遭受如此嚴重的蟲害？不但如此，臺灣不少有機茶園的表層土壤有機質高達百分之八至十五，卻往往看到生長勢極差的茶樹。很顯然地，一塊地有機肥施得愈多，不見得就愈有機。

那麼，是否像福岡先生所說的什麼都不做：不耕犁、不施肥、不防制、不除草，這樣的自然農作，才是正確的方向？如果是這樣，為什麼廢耕的茶園只會一片荒蕪，而不是一片蔥鬱？

如果說霍華爵士與伊娃夫人所闡述的是有機農業，那福岡正信的自然農法是否屬於有機農業？如果福岡氏對田地的管理作為有道理，那是否這些有機農業發展者的作法就顯得多餘？以「無」的觀點出發，「什麼都不做」的自然農法，是否與強調在田裡大量施肥的有機農業相違？這類的問題，一直盤在我的心裡，從書架上取下聖嚴法師的《好心．好世界——聖嚴法師談心靈環保》，簡單的字句敲進心裡，讓渾沌一片的資訊開始有了方向與軌跡。

犯了以「我」為中心的錯

「緣起」是說任何一樣東西的產生，都不是單獨的、偶然的、突發的，而是必有其前因後果，以及許多因素的配合才得以完成的。如果能知道世界的一切現象，都是因緣所生，就一定能斷除執常、執斷、執權威、執虛無等的偏見邪見。

聖嚴法師解釋《維摩詰經》的這段話，讓我反省自己的有機耕作歷程。一開始自認為專家，選了最嬌貴的品種，與幾位沒有實務經驗的專家，用想像的方式定植、施肥與修剪，結果是把父親在有機農業吃過的苦再吃一輪。

為何如此，大抵是用「我想」、「我覺得」、「我認為」、「我想要」等自我中心的角度，去發想與觀察，因此容易錯判情境，做出錯誤的決策。舉例來說，健康的葉片外觀光滑油亮，但外觀光滑油亮的葉片，是否就一定健康？有簡單的邏輯概念，便知事實並非如此，然而，為了「我」與「我的快樂」，這類錯誤觀察繼續衍生，最後就把施肥當成作物健康的具體方法，甚至產生出「作物不夠健康是因為施肥不足」的結論，殊不知這結論根本是自己想出來的，不一定是事實。

《解深密經》中提到：「眾生為相縛，及為粗重縛，要勤修止觀，爾乃得解脫。」前兩句偈文幾乎總結我前幾年的耕作歷程，要得到真正的快樂，必須修習禪定與智慧，慈氏菩薩如是說。福岡正信雖然沒有明言，但他的「無」哲學，旨在破除以「我」為中心的觀點，由此觀之，他的道與學佛的目標有所交集，不妨就把福岡氏的自然農法別註「無我農法」吧。

正因為鬆動了以「我」為中心的觀點，緣起的智慧才顯得出來，知道現象的呈現必須具備其條件，因此願意腳踏實地；又或者，因為苦頭吃太多了，所以甘願放下自我中心的模式，拋棄過去種種有問題的見解，像個小學生一樣重新摸索這問題。

用發心區分

我聽日常法師的弟子轉述過他的話：「一件事情的成辦，需要福德資糧與智慧資糧，智慧資糧可以讓人放下，而福德資糧則能讓人圓滿此事。」緣起觀一重意義是無我空性的智慧，另一重意義則是集聚緣起所需的正見正行，也就是符順因業果報的作為，若能如是，圓滿的果相自然會顯現出來。

那麼，什麼樣的行為可以符順業果呢？《維摩詰經》說：「若菩薩欲得淨土，當淨其心。隨其心淨，則佛土淨。」從心的面向來看，是用種種的方便破除邪知解；從行的方面，由淨化的心發起的行為，即是戒行；從環境的角度看，好心形塑的世界，就是好世界。

「原來所謂的有機或是自然農法，並不完全是從作法上去區分，而是由發心上去區分。」放下手上的《好心．好世界——聖嚴法師談心靈環保》，若有所悟。望著架上農書，不同流派的農法似乎不再彼此衝突，反倒藏著某種和諧感，只要能鬆動「本來就有我」的見解，那空有之間的匯通，未嘗不是菩薩的美意呢？

第二篇

以農法實踐佛法

種地瓜葉種出四攝法

家園前，種有一畦地瓜葉，供應平日吃食菜蔬，因為家人工作忙碌，這種懶人蔬菜就成為耕作首選，飯前只消至園中摘取新鮮地瓜嫩葉，洗淨後汆燙淋上薑油、蠔油，或者大火快炒些許佐味，就是飯桌菜食良伴，營養又美味。

冬末瓜葉收根，要讓地瓜葉重新恢復生機，必須在冬末清園，將田中地瓜藤曬至略為凋萎後，剪段重新插入土壤中，這對農家來說，是稀鬆平常的工作，妻躍躍欲試，加上朋友一家來訪，於是把種地瓜葉的工作交給妻與朋友一家人。

妻子的提醒

幾日後，在菜圃中澆水時，才發現地瓜藤只覆上淺淺的一層土，雙指夾住瓜藤輕抽，就把整段瓜藤抽離土壤，此時心中略有不快，心想：這麼簡單的工作，做之前也示範種了一小段，怎麼實際做起來和示範區差這麼多。妻喚我吃早餐時，只見我不斷地將瓜藤抽離土壤、重新挖洞、埋回土中，理都不理，知我心中不快，於是表明希望早餐後，能同她一起把地瓜葉種好。

餐後，我與妻再仔細地核對種植流程：先挖出深約十公分的溝，擺上剪好的瓜藤，然後把土覆上，澆水點根完成。如此簡單的流程，實際操作時就發現有些出入：妻一直把重點擺在瓜藤擺放的方向與角度，回饋我一開始教時提到用四十五度角擺放，而且我種的瓜藤明顯較挺些。然扦插地瓜藤能不能長成，關鍵是瓜藤有沒有與土壤充分接觸，能不能順利發根汲取土壤養分，和扦插角度的關係不大。

我本想將地瓜葉種植的方法傳授完，就著手田區內的工作，觀察到不諳田事的妻，還是沒領會種植方法，索性陪著妻把整畦地瓜葉重新植完，也讓妻意會種植作物存活的關鍵——接地氣。感謝妻成熟賢慧，沒有棄嫌我性急臉臭，傳道過於簡化，並未仔細說明原則，還陪笑著一起重新植完整一畦地瓜葉。

菩薩在行利他道時，遵循的原則可歸為四面向：布施、愛語、利行、同事，首先菩薩必須用種種的方式，透過身、語、意傳遞對其他有情的關心，想辦法給他好處，攝受其他有情成為眷屬，願意聽菩薩的教悔，然後用種種柔軟語傳遞善美的教理，教導正確行持的作法，並且同他一起造善。在種地瓜葉的過程，我根本就忘失四攝法，若不是妻的微笑，才驀然想起：「啊！顯嚴菩薩，你不是說要學佛嗎？怎麼種個地瓜葉就忘記要學佛了。」

四攝法的有機農法

誠然，推動有機農業扎根的具體作法，就是四攝法。在返鄉種有機茶六年多來，第三年覺得自己的理論與技術都摸到邊，想著要怎麼擴大種植面積，於是到庄內租了一塊荒廢多年的茶園耕作。位在路邊的茶園，最不缺的是往來的關心與玩笑，關心是這個年輕小夥子有沒有辦法堅持做下去，玩笑是看到這塊土地草如此長，是不是主人都日曬屁股才下田管理。

茶園與紅龍果園比鄰，主人是個樸實的斜槓莊稼漢，平常幫人燒焊鐵件，兼業自己的果園，為了節省勞力，多用合成肥料搭配除草劑管理，也因為無法與隔壁田區畫設隔離帶的緣故，即使自己租的田區不噴任何農藥、不使用化肥，也無法申請有機驗證管理，儘管如此，我還是堅持用有機的方式管理茶園。

過了半年多，一日，我在租用田區噴灑發酵葉面肥，隔壁紅龍果田的大哥走過來寒暄，當時我半開玩笑說他最近田區雜草也長了，是不是旁邊有個不良示範，讓他也開始發懶，大哥看了一會兒，說：「其實我都有在觀察你怎麼作業，我覺得你的方法有道理，土壤會因為有雜草的關係愈來愈肥沃，沒有浪費肥力，又幫助排水，連農藥錢都省下來了。」

在那之後的半年，我觀察鄰居紅龍果田大哥開始不用除草劑，有雜草也是等草長到兩臺尺高時才用機器割除，施肥時甚至就學我直接施用在雜草上，因為沒有病害，不用噴灑農藥，只套了網袋防昆蟲、蝸牛咬食，以及鳥類啄食。

我向他訂了一籃紅龍果分贈親友，大部分的親友都回饋味道乾淨、不死甜，吃起來相當舒服，於是我又主動分享了大哥的聯絡方式，希望幫他們架起更多的橋樑。因為大哥的田區不用農藥、不用除草劑，等於我租的茶園旁多一大塊隔離田區，免除了農藥汙染的風險，往有機耕作發展又更進一步。

佛法的理論很美，真正碰上境界，能用上佛法改變緣起，更是美不勝收！我抬頭望妻揮汗，真覺得她才是個菩薩，她用笑容告訴我：「哎呀，要耕作有機，沒用上四攝法，沒有同我一起做事，你又怎麼當得成菩薩呢？」

茶園窺緣起

芳姊是我的好朋友、好地主，也是一個有福報的人。日前她關心我從事自然農作的狀況，也對自然農作的發生有她的見解，與她這番對話十分有意思。

「顯嚴，幸好我當初堅持我的見解，完全不去干擾茶樹的生長，讓它自然地恢復健康，現在才得以如此健壯。」芳姊道。

「這話怎麼說呢？」我問。

「以前專家告訴我，想要從慣行農法轉作有機，必須循序漸進，先將茶樹生長勢養壯，再逐步地拿掉控制——先拿掉除草劑，再減用化學肥料與農藥，最後完全不用，完成整個轉型過程。

我認為這樣的觀點不對，我們就是要茶樹恢復自然生長，為什麼要多那些步驟？那些作法不都是控制？所以我主張一開始就不要控制，讓植物自然恢復生命力，我觀察我的茶園，就是這個狀態。」芳姊略抬起下巴，堅定論述。

造化大不同

「芳姊，你看過幾片有機茶園呢？」我問。

「我只觀察自己的茶園。」

「跟你分享我觀察幾個有機茶農的耕作歷程。」我道。

「鹿谷山上有個有機茶農，他主張什麼也不作，不除草、不施肥、不修枝，現在他的茶園已成一片荒煙蔓草，茶樹也稀稀落落得快死光；有茶農持類似的見解在苗栗植茶，老茶園轉型得相當有活力，茶園中構樹、相思樹交雜，產量似乎也足夠主人生活；有茶農在阿里山上種有機茶，努力地除草、施肥，茶樹健康狀況卻愈來愈糟，為了每一次的生產成本，幾近傾家蕩產；有茶農在名間鄉松柏嶺種有機茶，產量直逼慣行農法。」

我注意到芳姊睜大眼睛，似乎發現了一片新世界。

「如果轉作有機，讓植物恢復生命力的作法，就是什麼也不作，放任自然，那為什麼鹿谷茶農的茶園變成荒草園？名間茶農很努力地管理，防治施肥，也得到相當好的產量，但他肯定不是放任自然，讓植物恢復生命力。」

我稍微停頓了一下，繼續說道：「如果忽略了既有的條件，只談什麼樣的作法，能讓慣行農地轉成有機耕作，在我看來不過是拚誰的福報比較大而已。」

本是緣起有

當農人因為各種理由，發心要轉作有機農業時，是否曾經留心現地的條件差異，進一步調整轉作的方法？是否曾意識到每個人的背景條件不同，方法與進程不見得會相同？

就作物種植最基礎的土壤而言，當土壤體條件不相同，例如母質、氣候、地形、生物、成土時間因子等差異，有機耕作管理的條件就須隨之改變。芳姊的茶園在九年前開始由她經營，當時開墾土地的地主為了使用需要，將坡地整理成平台，過程中也讓土壤層均質化，成排水良好的礫壤土，儘管芳姊描述在她接手前，農地已慣行管理很長一段時間；她接手後，茶園產量曾差到一年只產十九臺斤茶葉，然基質改良後的土壤不再積水，有提供土壤生物蓬勃生長的潛勢，只待拿掉除草劑與農藥，生命就可以在這塊土地繁衍，進一步建構植物健康生長的土壤環境。

另一位鹿谷茶農，他的茶園條件就相差芳姊甚遠。該片農地原是先人壘石運土而成的山間水梯田轉作，並具有近四十年的植茶歷史，土層厚度有限，因過去的水稻種植，這類田地多半具有難透水之犁底層。這樣的土壤在遇到強降雨時，土壤孔隙因充滿水故，空氣不易進到土壤體中，土壤生物與植物根部無法行呼吸代謝，作物種植在這樣的土壤上就容易生病。如果農人無法覺察作物生病的原因，只能用農藥做症狀治療，換作是從事有機農業的農人，沒有對應的藥劑使用，下場只能是一片「草盛茶樹稀」。

早期從事有機農業，農業專家多從土壤肥力的觀點，延伸到有機管理的作法，鼓勵有機農友多使用有機肥，施用量可達到同重量合成肥料的二十至五十倍，例如本來每分地茶園施用四十公斤的尿素，如果改用有機肥，施用量可能須每分地一至二噸。如此大量的有機肥，若施用於土壤體較為淺薄的農地，撇除沖刷流失的問題，對該土壤而言無異於災難。用更淺白的比喻，就像一個體質虛弱的人，每天三餐都餵高劑量的補品，最後只能爆體而亡。但同樣是高量的有機肥料施用，在土體深厚的區域，由於緩衝量高，短時間內可能有豐產肥美的效果，這就是為什麼同樣的操作方法，阿里山農友和名間農友的產量表現差異如此巨大的原因之一。

應作如是觀

緣起觀，是佛陀教法中最令人讚賞的見解之一，萬物萬象皆因緣和合而成，依條件具足而觀待成立，抽離條件則現象崩解。成辦一塊自然農法園地，當然也不離「緣起」的概念，只是農人是否曾靜心觀察該塊田地的緣起：田地有多深厚？土壤是否有積水、不易排水的現象？土壤空氣是否足以讓植物生長代謝？土壤是否仍有足夠的礦物質營養？若能靜心觀察這塊田，所謂專家學者的建議，或者書本上傳遞的知識，才能真正轉化成有效作為吧。

製茶上有句話叫「看茶作茶」，意思是不一樣的原料、環境、目標，製茶師傅必須在綜合考量下，馬上在製茶程序上做出調整，如果用固定的套路去處理茶，往往成品與預期有很大的落差，批次間的風味也會不穩定。

「所以，你的自然農法，剛好適合你的茶園，為什麼恰恰適合，就是你福報大，否則哪有道理讓你這個門外漢如此順利！」我對芳姊坦白道，兩人一起哈哈大笑。

「萬物本非獨立有」，在自然農法上窺見真實的可能性，那股欣喜也足以教人一再回味不已了。

福報最重要

「你覺得做有機農業，哪部分最重要？」S君問。

車行在深夜的國道三號，我看著前方貓眼反射回來的閃光，從事有機農業的一幕幕從記憶中湧現。

「當然是福報最重要！」我回答。

S君一楞，沒想到我竟是這樣的答案。

「做有機農業，有些人認為技術是成敗的關鍵；有些人則認為賣得出去才是重點，消費者的支持是做下去的原動力。這些見解都沒錯，但最關鍵的部分，是有沒有福報。」我接續著說。

車行過古坑，我向S君講芳姊的故事。

有機生手的芳姊

芳姊是一位醫生娘，約莫十年前將屋旁一塊茶園買下，轉職成農友。芳姊非常有理念，一開始就打定主意，接手這塊土地後，絕不再施用任何一點農藥，要把這方茶園轉成有機樂園。

「她成功了嗎？」S君問。

當然沒有，可以想見剛轉型時的慘烈狀況。第一年據說茶芽全都被害蟲掃光，連收都沒得收；第二年冒出一些嫩芽，為了要能採茶，花了好幾萬請人除草，採茶師傅一直嫌這茶醜不美。茶送到製茶廠，師傅一看，眉頭皺得化不開，還好製茶師傅是芳姊先生的患者，硬是將這些辛苦採下的茶葉做成茶，一共做成十九臺斤，換算工錢，一斤要賣五、六千塊才回本，而自己的工錢就別算了。

「好慘，還好她不用為經濟所苦。」S君回答。

確實，就怕有錢都請不到工人，有段時間，芳姊請不到除草工人，只好自己下田除草，因為本身不諳農事，體魄也不強健，有次在茶園裡揮汗工作，起身看遠方的山嵐好美，一陣風吹過她汗濕的身子，她就感冒了。

「也太肉腳了吧！這樣也能做農？」S君大笑。

不僅如此，芳姊因為體力虛弱，感冒沒有治癒，還惡化成肺炎，在醫院裡躺了兩個星期才出院。出院後，芳姊的先生非常生氣，直嚷著要把這些茶樹砍了，不再讓她下田，芳姊知道先生是擔心她的身子，於是答應先生暫時不再下田，這塊茶園就淹沒在荒煙蔓草中，被厚厚的蔓澤蘭蓋住。

孝順的芳姊有福報

「那為什麼你會說，這是竹山最漂亮的一塊有機茶園？」S君問。

芳姊的茶園經過一年休養，不但沒有衰敗，反而茂盛得不得了，拉除蔓澤蘭以後，茶樹都長到二公尺以上。這時芳姊又動了採茶製茶的念頭，但樹勢太高，請工人來採一次，工人就不願意再來，於是就在五月天氣正熱時，請剪枝工人來將茶樹砍頭，將葉子修個精光。

「天呀！這樣茶樹不會死光嘛，哪有人在濕熱的五月天深剪枝！」S君大驚。

所以說芳姊是個有福報的人，在不合時宜的時節剪茶，居然遇上連續一個月的梅雨，每天雨水滋潤下，茶樹順利抽出新梢，度過無法行光合作用的階段。與我相識後，有了有經驗的人可以諮詢，就不再發生在不合時宜時從事農事，又因為她的茶園一開始就有翻攪土層，打破質地不連續，土壤排水良好不積水，雖然同樣面對極端型氣候，但別人的茶園在暴雨後，根部因浸水無法行呼吸作用而生病，她的茶園反而雨愈下愈健康，連蟲害都沒有，這些年愈發豐收，每分地穫茶菁產量甚至高達三百臺斤，完全跌破專家眼鏡。

「這也太驚人了，簡直跟慣行農法沒什麼兩樣。」S君道。

你說芳姊嫻熟於農務嗎？我想她的農業知識與十年前相比並沒有增長太多，但為什麼她能種出如此強壯的有機茶？

好幾次與芳姊相約討論茶園的耕作事宜，卻都臨時變卦，原因是她高齡八十歲的雙親需要她照顧。她的母親患了失智症，漸漸地忘記她們姊妹的姓名與容顏，儘管如此，芳姊還是每週與姊妹們排班照顧母親起居；父親患有糖尿病，已是醫院急診室的常客，常看芳姊為雙親的事忙得焦頭爛額，卻不曾聽她一聲抱怨。

這和有機農業的成功有什麼關係？其實不管從事什麼事業，只要有貴人願意指點與提攜，就可以少走冤枉路，自然容易成功。由於孝順的緣故，讓芳姊在有機這條路上特別容易遇到貴人，一開始或許吃足了苦頭，卻都能轉化為成辦事業的資糧。

有機農業是種福的農業

在《菩提道次第廣論》中提到，透過福田門可以累積特別大的福報，什麼是福田門呢？即三寶、師長與父母；略作損惱或利益，就能感得極大的惡報或福報，惡報指的是痛苦的結果，反言之，福報就是快樂的結果，能成辦現世未來一切安樂的基礎。在《孝經》中如此解釋孝：「天之經也，地之義也，民之行也。」在《說文解字》裡則說孝為「子承老也」，當孩子能承事父母長輩，就是服順天道，因為服順天道，故能自求多福。不管是佛菩薩或是儒家聖人都指出：能孝順，就有福報；有福報，做事就容易成功。

不只芳姊，在我身邊成功的有機農友，幾乎都深諳「累積福報」的小祕訣。一位種有機菜的王大哥，只靠著五分農地與蔬果箱配送，就能養活一家大小，他的本行是貨運司機，因為健康因素轉職成為有機農夫，我問他如何突破有機銷售的困境，他的回答很妙。

「一開始我也不知道要怎麼賣這些蔬果，除了親朋好友外，就把這些蔬果轉贈給附近的育幼院、老人食堂與寺院，捐久了以後，慢慢開始有客戶會跟我們訂菜，一問之下才知道是育幼院老師與寺院法師介紹的，慢慢突破銷售困境。」王大哥緩緩道出，一旁的青農目瞪口呆。

有誰能想到從事有機農業的成功，最主要的關鍵是累積福報？其實仔細想想，從土地的有無好壞，貴人的提攜與否，客戶的支持有無，哪一項不是由福報而來？有機農業與一般慣行農業不同，又怎能不依靠福報成辦呢？

「所以，你覺得從事有機農業，是不是很需要福報呢？」我問。

「這是個有趣的觀點，我會記著你的結論，希望你的有機路能成功。」

S君打開車門，我目送他走進人群中，並在心裡想著，希望今晚的這番談話，能累積S君的福報，也累積我的福報。畢竟，福報最重要。

農事斷捨離

一天，我與善友前往友人處，學習多塊田區的生產排程，在他的車上討論如何做地產地銷，以及社區支持型的農業。兩人熱烈地討論後，話題漸漸導向心目中理想的農業型態，這時善友問：「農人理應在自己的田地孜孜矻矻，忙得不可開交，為何你可以馬上答應我的邀約，難道沒有事先排定的農事工作？」

話說當時的瞎忙

我楞了一下，想想自己確實愈來愈懶，從二〇一九年起在茶園的工作，就只剩下採茶前的除草，偶爾施點肥，以及看情況修剪茶樹。茶菁請採茶班幫忙採，茶葉請三十年經驗的大師傅監製，自己跟著師傅精製、烘焙茶葉，更多時候是與師傅細細品出茶中的精氣神，生活愈來愈愜意，不太似有機農人。

過去，父母親一輩的有機農，可以用「汗淚交加」形容他們的生活。「汗」的部分不言自明，頂著烈陽除草、施肥、種種農事，一天可以濕透好幾件長襟；而「淚」的部分，即未有收成，辛苦血汗未能獲利，心生憂慼，語生愁嘆，身生擾惱，意生熱惱，終歸無法受享勞動成果。種種求不得苦，往往讓有機農人潸然淚下。

有機農前輩如此令人涕淚縱橫的故事，到了我輩，怎成了懶人農法？

猶記得剛回到竹山鄉間，單單除草、澆水與施肥這三件事，就讓我焦頭爛額，每天帶著三個便當出門，原想是「晨興理荒穢，帶月荷鋤歸」，其實是「望晨星理荒穢，戴頭燈荷除草鐮歸」。那種苦日子到現在都不太想回憶，現在這種不及格農夫的生活，也是漸進轉成的。

耕地總遇得到雨讀日，多年前梅雨滴滴答答的時節，心裡攪惱著雜草經這番春雨滋潤，不知要瘋長到什麼程度，隨手拾起擺在桌上的一本《懶人農法：

活用雜草打造無農藥的有機菜園》，那是西村和雄的著作，裡面一段文字吸引了我的注意：

> 藉由雜草與土壤生物自然耕作土地，就能擁有肥沃且健康的農地。因為這種方法利用的是雜草與各類蟲隻自由翻耕，所以真的是非常輕鬆的栽培方式。
>
> 生物會自然地為我們製造好土壤。

師學懶人農法

「真的存在這樣省事的農法？」心底這樣問自己，把西村的方法記在心頭。爾後的日子，又閱讀了福岡正信的《一根稻草的革命》、艾伯特．霍華爵士的《農業聖典》、伊娃．巴爾芙夫人的《活土壤》等書，結合自己在土壤學與土壤化育方面所學，這些年逐漸理出些頭緒。

「人靠一口氣」，這道理大家都知道，但少有人知道，植物的根也靠一口氣，農人不會忽略陽光、水對植物的重要，卻常常不知道植物也會呼吸。深埋在土壤中的植物根部若缺乏空氣，也會因為無法行呼吸作用而死亡；反過來說，若植物根部可以順利呼吸，代謝順利，則農人給予任何肥養，植物都容易吸收受用，農人耕犁土地的目的，即是為此。

「然而，森林裡的樹與自然界的植物並沒有人去為它耕地，為何成長地如此健康？」七十年前的福岡正信問了自己這樣的問題，爾後發展出少事少為的自然農耕法。他點出，自然的環境裡已經具備作物成長所需要的種種條件，無須人類多勞；同時期霍華爵士則提出「生命之輪」的概念，說明土壤生態系統與植物生長互為其物質循環的首尾。

近代的土壤生物學與森林土壤的研究，將這種關係解釋得更為清楚：地下生態系統與地上植物乃一共生結構，地下生命世界的繁榮有助於土壤體（soil pedon）內物質的順利傳導流動，因此植物攝取生長所需要的水、空氣與礦物質養分少有滯礙；而地上植物則提供地下生命世界重要的能量與碳來源，使得地下生命世界可以持續繁衍，當這樣的共生關係穩定時，作物種植無須多勞，只待栽種收穫即是。

其實，當感覺雜草妨礙作物生長，只要雜草能具備豐富土壤生命世界的功能，也只需稍稍壓制其成長的勢頭，又何必除之而後盡？何況持續犁耕、除草，因曝氣消耗土壤有機碳的結果，反而造成土壤喪失結構，進一步造成土壤板結，水分於土壤表面不易下滲形成逕流，逕流沖刷帶走珍貴的土壤粒子，最後只剩下一片光禿禿的砂石，植物沒辦法在這樣沙漠化的土地生長，更別談種植了。

拿掉扭曲的無明眼鏡

若能靜心觀察，許多農人認為該做的農事，不見得能達到目的，可能還帶來反效果，這是由於不能深刻了解事物本質，僅由自己有限的官感視界進行觀察分析所致，佛法用「無明」兩字總括，就像一副會扭曲一切的眼鏡；戴著無明這副眼鏡，看出去全是扭曲的世界，又如何做正確的決斷？

在〈文殊讚〉中，提到有情因為無明闇覆，看不清楚的緣故，往往造了許多苦的苗芽，想要求快樂、求收成，然造的都是苦因，所以求不得。《入菩薩行論》中，寂天論師用更警世的句子描述被無明障蔽的狀態：「眾生欲除苦，奈何苦更增，愚人雖求樂，毀樂如滅仇。」我們是否把自己的快樂，就像殲滅仇人一樣，毀滅掉呢？

想想這些年的瞎忙經歷，而今吃盡苦滋味，總還好磨出些實戰經驗，知道偷閒也該有偷閒的理由，於是理直而氣平地對善友道：「不是沒事，而是在學習斷捨離呀！」

有機農法也有戒律？

春節過後，有機驗證稽核員聯繫我，要做年度稽查檢核。

「這幾年看你逐步地完成有機驗證的要求，真是很不容易！」稽核員道。

「知道有機法規著重要求的項目與其立法的精神，能夠坦然地接受你一切要求，也是今年才做到的。真是很感謝你，包容以前那麼帶刺的我。」我說。

「我真實地感受到你的進步，真是很隨喜你！我也想問，是什麼機緣促成你的改變呢？」稽核員問。

「哎呀！看來以前我真的讓你很頭疼。」我不好意思地摸摸頭。

提起有機法規，心裡確實百感交集。早年父母親為了要讓茶業的生產、加工，能符合有機法規的要求，可說是吃盡了苦頭，像是規範作物生長過程不可使用化學肥料，也不可使用化學農藥保護作物，他們為了施肥，大費周章地搬運上噸堆肥到田地間施灑。除了辣椒水、蒜醋液、蘇力菌等種種的萃取液、漢方、偏方，只要感覺對保護植物有用，他們都不惜一試。

在懂得科學的我看來，這些作法實在是吃力不討好，操作過程有太多的「不科學」，工作紀錄又是自由心證，也因此在剛轉做有機茶時，我打從心底輕蔑有機法規，認為稽核是多此一舉，心想自己做得比規範還好，難怪帶給稽核員「搞怪」的感覺了。

有生命力的農作物

直到自己開始參與製茶工作，以及學佛逐漸深入，才慢慢體會到守法的重要性。約莫在四年前，我的師傅帶我一起製茶，在「日光萎凋」（曬菁）的製程中，師傅注意著茶菁的變化，眉頭深鎖不語。師傅有三十年製茶經驗，在我跟他學製茶的記憶中，很少看他有這麼猶疑的時候，當下由於工作繁忙，也沒有特別問師傅皺眉頭的因緣。

每一季完成製茶工作，我們都會抽時間品評自己做的茶，我想起師傅不尋常的表現，隨口問了師傅，他回答：「你不覺得你的茶表現有些奇怪，不太會走水的感覺嗎？一般只有施化肥的茶才會如此，但這批茶又是有機茶，所以我才想不透。」

「不會吧，難道是葉面施肥的問題？」我心底閃過這念頭。有一種農業技術稱「葉面施肥」，顧名思義，即是將調配好的配方液稀釋一定的倍數後，噴施在植物葉面上，讓植物直接吸收。剛開始從事有機栽培，我常擔心植物營養不夠，於是調配植物營養配方，諸如海藻精、糖蜜發酵物與海水微量元素等，雖然這些資材都屬於有機農業容許使用範圍，但從分子大小與可吸收性的角度來看，效果其實也離化學肥料不遠了。難道使用這些有機速效資材，也會影響茶葉的質地與風味？

後來的觀察更證實我的想法，與純粹靠土地與植物生命力育成的茶相比，這些餵養了速效有機資材的茶，表現出與使用化學肥料類似的特性：茶湯滋味會隨著陳化時間增加，而變得愈來愈混濁；泡完的茶渣也會發黴腐敗，不似自然農法的茶。福岡正信已在《一根稻草的革命》裡提過類似的描述，有生命力的農作物不會腐敗，在自己的耕作過程，也印證了這項特質。

視同戒律的有機法規

有機農業的基本精神，就是圍繞著「有生命力的農業生產系統」，任何會干擾系統生命力運作的作為，就要避免，不使用農藥與化肥的目的正是如此。雖然干擾土壤分解者生態系運作的因子，不只使用農藥與化肥，能禁止使用這兩樣，就能減少在農事作業時傷害土壤生命力的可能。如果因為不了解有機立法背後的精神，認為有機法規不需要認真遵循，就可能因為自己的輕忽，擾亂土壤生命之輪的運行。

在南山道宣律祖的《行事鈔》提到：「佛法二寶，並假僧弘。僧寶所存，非戒不立。」佛寶與法寶的常住流傳，必須靠僧寶的弘揚，但僧寶的品質必須靠持戒才能確立，換句話說，沒有戒律，就沒有正信的僧侶來護持佛法。

或許因時空背景轉移，我們無法完全了解戒律的內涵，但發願持戒，過著戒律生活，對這個世界有極大的好處；若因不了解戒律的內容，而對其妄加批判，甚至輕忽不持守，讓自己的心如野馬般狂奔，可能就對自他帶來無盡的傷害。

同樣地，有機農業的價值體系是建立在遵守有機法規上，如果放任自己的煩惱作祟，任意地做出違越規範的行為，縱使當下沒有人發現，是否也傷害了這套體系的價值，最後可能導致有機農業的消失呢？

或許有人會反駁，如果自己不說，又沒有人看到，誰知道自己違法？又怎會傷害這個體系的價值？有句話說：「騙得了別人，騙不了自己；騙得了自己，也騙不了業果。」我們所做的行為都會對環境造成影響，就像我雖然沒有言明，師傅還是從製茶的過程察覺了茶葉的異樣，如果不向他說明來龍去脈，他是否也會認為有機栽培的作物品質並不優於慣行農法，進一步影響他投入有機農業的信心呢？

我向稽核員說了這幾年種茶、製茶、玩茶的經驗，還有這幾年對遵守有機法規的體會，以及佛法學習上的相互印證，兩人都十分歡喜，原本該是緊張的諜對諜情景，卻像老友相會般融洽。如果說持戒能得自心清涼，看來依著法規從事有機農法，也似乎有同樣的功效呢！

由心塑根性

本該在春季落下的雨水，終於在燠熱的五月天落下，看著茶樹吐出嫩綠，心底的擔憂不安也略為放下。二〇二一年，農場歷經了有紀錄以來最嚴重的一場大旱，由於自有水源不足，以及所有的灌溉水必須優先供應新茶苗的種植，有一片茶園足足半年沒有灌溉澆水，說不心急是騙自己。雖然已經知道自然農法的心要，就是順天應時，但從沒真正體驗過這種風雨不調的情境，前陣子看著茶樹隨著乾旱逆境逐漸落葉枯枝，心底也不斷攪惱。

我的擔憂也傳遞給在茶園做長期生態監測的教授，他一聽，先是對我笑了笑，說道：「不用擔心，你的茶樹都還很努力地活著呢！」他點開一份檔案，顯示友善管理茶園與慣行管理茶園的生長監測，說明報告中各項數值指標：葉面積指數、光化學反射指數、光系統II潛能、非光化學消散與電子傳遞速率。比較我的茶園與鄰近慣行茶園的相關數值後說：「比起慣行管理，友善的管理方式似乎讓植物有更高的光合作用效率，以及更高的抗逆境能力，你的茶樹相當有『根性』呢！」

根深根淺大有關係

臺灣綠化技術協會劉東啟教授曾公開演講，說明根的設計。他說植物的根生長受到四個因子影響：向下性、向水性、應力生長性，以及有效土壤趨向性，能利用這四個因子將樹的根向下、向外延伸，這樣的樹就相當有「根性」，不容易受外在環境逆境影響。試想，在森林中的樹，又有哪一棵是透過人悉心照料後，才能於料峭風寒、疾風勁雨中挺拔？

然而，農人不明就裡，加上對現代農業科學的一知半解，往往讓植物無法具備根性，或者讓能抗逆境的能力消失了。我曾經在一片有機茶園觀察到非常明顯的浮根，這通常是因為水無法向下滲透；或者在成園初期大量地澆灌，讓樹的根無法向下扎，或不需要向下即可存活，但這樣的茶樹遇到乾旱時，是否正因為根系淺窄而不具備抗旱的能力？

我也曾在阿里山產量很高的茶園，聽茶園主人分享他在土地中施大量的有機質，搭配強修剪與農藥的保護，每分地茶菁產量可達一千臺斤。當我翻開覆蓋在土壤上的有機質層，茶樹的細根遍布表土，茶樹確實如主人所描述的相當會「吃肥」。我請教茶園主人灌溉情況，主人說一個月要繳近六萬度的電費，主要用在從兩、三公里外的水塘抽水，有次不小心抽太過頭了，竟把可以泛舟的水塘都抽乾了！茶園主人的直白，引來現場學員哈哈大笑，我心想：「這片茶園水分與養分消耗這麼大，萬一哪天沒水可抽了，該怎麼辦呢？」

我也與妻分享我的觀察，而她就教育現場所觀察到的狀況回饋。她分享曾經帶過一個被遺忘在教室角落的身心障礙兒，這個小孩剛到她班上時，由於雙親沒有教育孩子的能力，過去的老師也因為孩子特別難帶，僅止於滿足孩子吃喝拉撒的需求，以致於這孩子剛到妻班上時，表現跟野獸差不多。妻正色表示，如果這孩子可以一輩子這樣順風順水，或許用老方法帶他也沒問題，但人生可能一輩子順利嗎？因此，妻付出了極大的心力，嚴格地訓練這孩子，讓這孩子可以坐著拿餐具吃飯，可以好好走路，甚至可以騎腳踏車繞社區，就是希望這孩子多少有能力抵擋校門外的風雨。

傳遞佛菩薩的心語

為人父母者往往希望給孩子最好的未來，但為何「慈母多敗兒」的例子屢見不鮮？茶農往往想養出最好、最強壯的茶樹，但為何逆境一來茶園就狀況百出呢？南懷瑾居士曾用「境風吹識浪」來描述：感受隨著外在環境的變化所牽動，並隨著我們的愛惡進一步執取或排斥，在這樣的狀態下，心只能執取最強猛的有境，所以我們平常想得最多的事，當境界來時就會隨它去了。比如茶農一直想著豐收帶來的快樂，拚命去做在他的觀察中會豐收的作為，努力施肥澆水的結果，就養出了根系淺窄不耐逆境的茶樹。

相對地，在我聽聞自然農法實踐的理論，思考農耕作為對茶樹生長的影響為何，於我的農業操作中盡量不影響茶樹根系的深化，雖然心底仍被境風吹得波濤洶湧，只要清楚心裡的感受來自於過去經驗的累積，過去經驗並不完全適用當下情境，順著感受走可能完全判斷錯誤；進一步能安忍在他人實踐過的自然農法操作經驗。漸漸地，我就養出充滿「根性」的茶樹，即使半年不澆水也不會乾死，雨水一來就恢復生命力。

中觀偉大行派的祖師寂天菩薩，在其《入菩薩行論．安忍品》中提到，再困難的事情，經過長久地練習，絕對不會學不會；平常就多在逆境中練習，遇到大風浪就能保有平常心，因此寂天菩薩說：「故於寒暑風，病縛捶打等，不宜太嬌弱，若嬌反增苦。」同理，茶樹平常保護得太好，遇到狀況時失去根性，是不是徒增煩惱呢？

幾日大雨後，茶樹陸續冒出新芽，連乾旱時掉落的老葉也吐出新綠補上，看茶樹充滿生機的樣子，我忍不住對著茶樹讚歎感恩，芽葉開展無聲，其間卻傳遞佛菩薩的心語呢！

心的力量

「心有沒有力量？」屏幕上投出這樣的問題，台下的同學若有所思。

主持人將這題目分成正、反兩方辯論：正方是心有力量，反方則無，兩方必須就自己支持的立論進行答辯。

心，愈辯愈「無力」

「心是有力量的，因為我們一切的行為都受到思想的主宰，所做的任何事情都受到心的驅使，所以心當然有力量。」正方振振有詞。

畢竟是佛學課堂，被分到反方的同學，各各面面相覷，不知道如何回答，此時一位年輕同學率先來就「心沒有力量」的觀點來做答辯。他有些囁嚅，口顫抖地說：「心不能舉起任何東西，就算要拿起一張紙，也是透過手拿，而不是心拿；心不能做任何行動，哪怕是個按鍵的動作，是透過動手指，而不是動心；心甚至不能傳達任何有意義的訊息，那怕是眨眼睛，那也是透過身體做的，更別說語言和文字，即使心存在，也不能說心能直接影響現實世界，更別說心有力量了。」反方同學一口氣把話說完。

「所以，對方辯友承認心的存在，而且我們要進一步說明，心才是主導行為的關鍵，我們要用身體做任何行為，或者說出任何有意義的語言，其實都是透過心的主導作用，就像電腦的硬體是透過軟體操控而有作用，我們的心操控我們的身、口而能對環境有影響，這就是心有力量最好的證明。」正方很直接地道出心為何有力量的觀點。

反方又是一片沉默，另一位被安立在反方同學緩緩上前接過年輕同學的麥克風，開口說：「正方說，心有主導身、口的力量，但實際上心一點主導的力量也沒有。」她稍微停頓一下，環視正、反兩方同學微笑。

「我們就拿自己的經驗來說好了，當我們看到好吃的食物，心裡馬上現起的想法是『想要吃』；當我們看到好看的人、事、物，我們心裡想的是『要擁有』；當我們遇到與親友相離的情境，我們心裡想的是『不分離』，類似的經驗充滿著我們的生活，或者是反面的『討厭』、『要離開』、『不舒服的感覺』，其實都是因為心接收到外在物質環境的影響而產生感受，有了感受以後，就會驅使自己的身、口產生行為，進一步對外在環境產生影響。」

「所以從這點來說，心完全沒有自主的力量，充其量就是個連接軔體，連接外在環境與稱之為『我』的這個身體之間，心沒有力量，不過就是傳導體，傳導影響力量而已，真正有力量的是外境、是物質。」語畢，她仍然面帶微笑。

正方同學鴉雀無聲。心有力量是學佛人的常識，但為什麼此時反方的立論看起來如此義正辭嚴？

心，愈問愈清晰

辯論場上的問難，也是自己這幾年從事有機農業時，以及與諸多關心有機農業發展好友心中的疑難。明明是發心要做有機，遇到產量的銳減、病蟲害的侵襲、價格的不理想，心裡面滿滿的雄心壯志瞬間變成愁雲慘霧，那感覺非常地實際，甚至會產生出「有機農業不可能，還是要依靠慣行農業才能生存」這樣的想法，心似乎完全沒有力量，完全被外境牽著走。

每每感受到心沒有力量時，心裡另一個詰問自己的聲音就會響起：「如果心沒有力量，那佛、菩薩、祖師是怎麼成就的？」聖嚴法師的開示中，面對挫折、不如意的開示非常多，他著名的十二字箴言「面對它、接受它、處理它、放下它」，就是直指內心面對困境的方法。

聖嚴法師也曾多次表達，他這一生面對逆增上緣比較多，如果心只能被外境牽著走，法師又是如何開創法鼓山？佛陀難道不曾面對困難？在佛陀面對種種的困難時，究竟用什麼「心力」面對？

不是心沒有力量，而是我們的心沒有力量。

聖者的心有力量，實際上，我們也是透過聖者才知道，心是有力量的。每每我在有機農業操作上遇到困難時，放棄的念頭也常常現起，此時我常常現起日常師父「常敗將軍」的教導。師父說他是一個常敗將軍，每每遇到煩惱時，總是咬牙切齒地跟它鬥！然後每一次都被打敗，可是愈打愈快樂！為什麼被打敗還會愈打愈快樂呢？因為他並沒有被自己的軟暖習氣困住，正精進地與煩惱挑戰，因為精進所以挨打，所以愈打愈快樂。

心力，從他力到自力

因為有師父的修行經驗教導，面對困難時，至少不會一下就棄械投降，可以沉住氣來好好思考，或者認真地在心感覺沒有力量時，好好祈求佛菩薩，就我自己的經驗，此時祈求的功效往往奇好無比，幾乎堪稱「心誠則靈」！

課堂上學過的祖師公案，論典上的一句偈語，師父禮佛的身影，或者龕上佛菩薩的微笑……都能瞬間撐起自己軟爛的心力，甚至還會不可思議地出現貴人相助，或者眼前的困難莫名其妙出現轉機，過程中還讓人見到關鍵的緣起。這樣的經驗讓我體會到，自己的心力確實很微弱，微弱到可以說沒有，必須深信「他力」的佛菩薩，再靠「自力」衝破一切看似外境，實際上是心境的困難，這也是經典上所描述的——皈依時真正的感受——三寶的力量。

繞了好幾圈理路，我拿起代表正方的麥克風說道：「謝謝反方精彩的見解，你說的沒錯，我們的心只是連接體、傳導體，如果沒有連接聖者的心，我們的心就沒有力量……」

思緒在你來我往的討論中愈辯愈明，法喜蕩在探討真理的人們心裡。

佛菩薩的心語

「你相信一切遍處充滿諸佛的心語嗎？」走在農場後山桃花心木林道，兩人並肩散步，妻轉過頭問我這句。

「以何因緣如此問道呢？嫒婷菩薩。」我知道妻想到了些什麼，經典描述佛要說法時，都會有其因緣讓當機眾能向佛請法，我自然也如是請問。

「你看這裡像不像經典裡講的，修行人居住的環境？寂天大師在《入菩薩行論》第八品〈靜慮〉中說：『林中鳥獸樹，不出刺耳音，伴彼心常樂，何時共安居？』我走在這片樹林時，背誦過的偈子就跳進腦海中，好像就在提醒我，這裡就是我要找的棲所，要在這裡實踐師父教我們的心生活，要在這裡建立一個佛法家庭，把我們得自佛菩薩的美好教授傳遞下去，我在走過這片樹林時，就有這種感覺。」妻緩緩道來。

「真是太隨喜了！大德，連走過這片樹林，都能感受佛法。」我誇張地驚歎。

「哎呀，你知道老師教我們，連風吹過一片葉子，天邊飄過的一片雲，都有無盡的佛語，只要心能靜下來，就有機緣能得到佛法。爸爸，你從事有機農業這麼久，難道不曾有這種經驗嗎？」

為何所苦？

確實是有過這種經驗，特別是在很苦、很無助的境界現前時，曾經背誦或串讀的經典文字，有時會浮上識田，瞬時清涼了整個熱惱的身心。

剛開始從事有機農業時，獨自一人投入田間生產，望著滿園雜草興嘆。背上被毒辣的太陽曬得腫痛；汗水蒸騰溽得皮膚起一塊又一塊潰爛的紅疹；或被毒蟲爬得全身奇癢無比，身上泛起蕁麻疹發作時的過敏腫包……這些經驗我都有。

有次在大太陽下背著割草機工作，實在苦得受不了，心裡一直攪惱父母的不是，想著就算是為了一口飯吃，也沒有必要做這麼苦的有機農業，一不小心分神，「啪！」一下就把種植一年多的茶苗砍斷，當下真是又氣又惱，只得停下機器查看茶樹的受損狀況。從土表起約七、八公分處攔腰不規則斷折，樹苗當然是沒救了，沮喪和無助感在這時漫滿整個身心，「我為了什麼要這麼苦呢？」

這時，腦中突然現起一段偈頌：「復次苦功德，厭離除憍傲，悲愍生死者，羞惡樂善行。」以前我立志當個學者，憧憬衣裝筆挺地在眾人面前講學，能夠有身分、有地位、有名聲、有財富……現在學佛，回鄉從事有機農業，我面對苦的感受是什麼？到底是實踐知識與理念帶給我痛苦，還是執著不切實際的妄想帶給我痛苦？痛苦到底是怎麼產生的？

初秋午後的烈陽沒有絲毫減弱，心底現起的偈頌卻讓我陷入了一個似乎與環境隔絕的時空，待回過神來時，樹影已略為偏斜拉長，被陽光烤得發燙的割草機身，說明在太陽下我已經曝曬一段時間，我卻沒有不舒服的感受，因大量流汗發黏的身體有種乾爽感，心底有豁然的清涼。到現在我還是不太清楚那過程是怎麼發生的，從那次經驗後，我就不再排斥田裡的工作，也能釋然地接受一個農夫的形象。

菩薩乘風而來

還有次經驗也很特別，冬茶採收完畢後，我很久沒有巡田水，信步走入茶園查看田區狀況。野草久未整理，幾乎與茶樹一樣高，我踩著雜草穿梭在田裡，桶頭這片山坡下午特有的清風，將已略為枯黃的禾本科雜草吹成草浪，一陣一陣，茶樹就在草浪間若隱若現，我眺著遠方向北流去的清水溪，「菩薩清涼月，常遊畢竟空。」這個偈子驀然跳出識田，像按下播放器的循環播放鍵一樣，偈子不斷地在腦內重複，當下除了美的感受，還有種難以言喻的感動！

是否菩薩事業就像草浪中的這片有機茶？不是不存在，因緣具足時就能顯現出來，菩薩乘風而來，因現觀一切觀待緣起有，故無有恐怖，心底清涼，那種境界該有多美呢！我記得那時風吹過的美，草浪拍打的美，也希望能打造一個菩薩道場迎請菩薩來，現證菩薩的美。

《大方廣佛華嚴經．如來現相品》提到：「毘盧遮那佛，能轉正法輪，法界諸國土．如雲悉周遍。十方中所有，諸大世界海，佛神通願力，處處轉法輪。」毘盧遮那代表的是法身佛，只要有法的地方，佛的法身無不周遍存在。一開始我根本無法理解這種抽象的概念，透過這些親身體會才略能感受到，當因緣具足時，佛的心語也能透過無語的境傳遞。

課堂上暢快研討的經典文字內容，在實踐有機農業的當下應驗了，才知道文字要傳遞的是佛菩薩的心意——你要去做了，才能體會得到。如果能在從事有機農業的當下體會佛語，誰說這不是修行呢？

無一不是佛法

「我的學習跟你差遠了，大德。」我說，「但我覺得很幸運。」轉過身，我面對著妻微笑。這輩子遇見了佛法，逆著習氣選擇有機農業當成事業，在有哭有笑、有蟲鳴鳥叫，也有樹影婆娑的環境，知道我並沒有遠離佛法，因為毘盧遮那遍一切處，只待有緣而能證得。

生命中還有什麼比知曉「佛法」更幸福呢？

八風吹得動

即使是從事與求名求利沒什麼關係的自然農法，一旦我愛執被碰觸時，還是會疼得哇哇大叫，嘴上說是要透過農禪入道，但八風一吹，心底的攪惱感受可是一丁點都沒少呢！

群組討論激起嗔火

「自然有機農業理想是很高，然在現實生活中，還有非常多人處在飢荒邊緣，如果不發展足以餵養地球上愈來愈多人口的農作方式，這與佛法慈悲為懷的精神似乎有所矛盾。」手機跳出這則訊息，這是一個教授與博士組成的群組，共同為了理想的有機農業教育進行創發，有位老師丟出了他的想法。

「又是典型的執常見，線性思維的誤區。」在心中這麼想著，我一面拿起手機敲下自己的見解，沒多久後，通訊軟體的訊息提示聲如珠落盤般響起。

「或許特用作物使用自然農法栽培沒有道德議題，攸關糧食安全的作物，用自然農法栽培是否妥當？」、「一個富足的社會，才可能用得起有機農產品，那些發展中國家，又要如何以自然農法滿足人民吃飽的需求？」、「標榜自然農法耕作的團體都是一些有土地、有錢的人，自然可以從事沒有效率的耕作；那些沒有土地的窮人，又怎麼吃得起自然、有機的農產品？」、「如果沒有對土地投入物質，只是不斷地取出，土地肥力會逐漸被耗竭，最後就生產不出足量的農作物，自然農法不投入足夠的肥料，又怎麼可能有足夠的產出？」一個又一個的質問顯示在訊息框中，讀著讀著，不舒服的感覺漸漸湧上心：「這些質問，難道是質疑自然農法的真實性？」

感覺一來，拿起手機，針對上述的訊息加以破斥，如果群組其他成員也開手機訊息提示音，「咚！咚！咚！」聽來應是如戰鼓般作響。我飛也似的敲打回覆，略掃螢幕上自己打出的理路，沒多做思索就送出，心想這些文字應該足夠駁倒這位老師。群組裡顯示愈來愈多人已讀訊息，對話框裡一片靜悄悄，我正得意自己理路犀利，猝不及防地，一道寒光直從新訊息的字裡行間刺來：這位老師居然反諷我無知！

理智被一股心頭火吞沒，我直接敲下：「如果無法對事，那我們不需要討論了！」便悻悻然把手機丟向一旁。訊息提示音接連冒起，我心想應該是群組內後續討論發酵，便不加理會。

八風亂流中長智慧

待氣消了以後拿起手機，沒想到是另一位有機界的前輩捎來訊息：「說好要一起為推廣自然農法、有機農業努力，怎麼一點小小的亂流就方寸大亂呢？你有把持好自己的初心嗎？」前輩的話如磬音一響，我熊燃的心頭火便平息下來，慚愧油然而生。利、衰、毀、譽、稱、譏、苦、樂，這八事最能動搖人心，因此龍樹菩薩用「八風」來形容，我已經學佛這麼久，遇到境界還是被吹得暈頭轉向，能不感到慚愧嗎？

別說是人與人之間的共事，即使是自己在與田地對話的過程，也很容易因為苦樂問題而誤判形勢。我曾希望茶樹能長得又好又壯，結果過量施肥導致植物肥傷，甚至引來病蟲害。探究自己的發心，不外乎希望能生產更多的農產品，賺更多的錢，所以就很直觀地把「多施肥」這個行為與「豐產」這結果連結起來。實際上，多施肥不見得導致豐產，豐產也不見得要多施肥，如果有仔細辨別的智慧，就不會陷入這種線性思維的誤區。

然而，自己很容易放大苦樂的感受，不知不覺錯判形勢，一腳踩入苦水中。這次在群組裡的對話，還好只是身上沾了些煩惱垢泥，看清楚甩乾淨就好，萬一任由自己的感受作祟，一怒之下有更激烈的衝突，毀了一群人共同成辦有機農業教育這樣的美事，那不就「火燒功德林」，得不償失？

當我們因為學習佛法，認知到自己的觀察很粗淺，沒什麼智慧時，遇到八風吹拂內心，做不到心不動搖，至少要知道自己又被吹動，有慚有愧，做起事來就不會理直又氣壯，事緩，就多了圓融的空間，有了思辨的機會，智慧就在這過程中增長了。

有慚有愧覺察煩惱

「發心為利他，欲正等菩提。」彌勒菩薩在《現觀莊嚴論》說明一個菩薩若想要能真正地利益他人，必須雙求利他與菩提，意思是菩薩必須在具足智慧的情況下行利他道。為什麼需要智慧才能行利他道呢？宗喀巴大師在《菩提道次第廣論》的「般若度」中，提到具備正智的一個好處是「又二功德似有相違，由是慧故能令無違」。

為什麼我會在群組中與其他老師爭辯，就是因為我把對有機農業的見解視作為有機農業的「整體」，遇到不同於我的見解時，就一味地想要「矯正」他，實際上我的見解不見得全面，也不見得完全正確，只因為執著「我」的緣故，就會對立相對應的「他」，若仔細地分析我倆的主張，共通的觀點占絕大部分，我又為何要為少許的差異，燒掉自己多年累積的福報呢？實際上只是顯出自己的智慧極粗淺！

到佛堂點炷香，好好地向佛菩薩懺悔一番，拿起手機在群組裡敲下道歉的文字，群組內原先劍拔弩張的氣氛隨著你一言我一語間和緩下來，我真正體會到煩惱對自己的害處。

「煩惱呀煩惱！何時我才有與你相抗的智慧與勇氣呢？」放下的手機螢幕透著藍光，心底的呼喊向十方傳去。總有一日，我要起身，與它一戰！

第三篇

尊重大自然生機

救蝌蚪記

從六月梅雨季開始，一直到八月的典型夏季午後雷陣雨氣候，農場幾乎每天下雨，因大旱而貌似乾枯的大地迅速恢復生機，土壤吸飽了雨水後，土壤水也慢慢地在靠近地表的不透水層處湧出，只要是這種不透水層靠近地表之處，連續大雨後，都可以看到這種暫棲地下水湧出的現象。

老屋旁的一處山徑坡腳就有這樣的特性，又因連接坡腳的平台排水不順，就在地上匯成了一灘灘小水漥，又過了兩、三個禮拜以後，水窪就熱鬧了起來，只要穿著雨鞋經過水沼，就可以看到本來靜止的泥面上泛出一堆波紋與泥煙，是一堆不知道品種的蝌蚪游竄。

蝌蚪的生死關頭

農場因為不施用農藥，生態豐富，入夜後蛙鳴此起彼落，若是遇到雨夜，甚至熱鬧得有些擾人清眠，比較容易辨識的蛙鳴，像是澤蛙「嘎～嘎～嘎～嘎～」的求偶叫鳴，還有史丹吉氏小雨蛙略為尖銳似蟲鳴的鳴音。有人形容拉都希氏赤蛙的叫聲很尷尬，「嗯！給欸～嗯！給欸～給欸～」像上廁所時使勁用力地悶哼一樣，我很熟悉這些日常的蛙鳴，但要分辨牠們的小孩可就不容易了，然而這群朋友們的小孩正面臨生死關頭……

出梅後，白日晴朗偶有小雨的天氣維持一個星期，地上的水沼漸漸地乾了，原本坡腳的出泉還能讓水窪的水溢出，沒過幾天就只剩下一灘泥濘，行過此處時，原先靈動的波紋就變得沉重而帶些窒息感：牠們還在這裡，但水要乾了。

當作沒看到這件事很容易，農場裡常有這樣的事發生，只是當我準備無視這件事時，腦中突然浮現昨日才上過的佛學課程內容，師父為我們解說菩薩的悲心是怎麼緣著一切有情，這樣的悲心又怎麼引領一個菩薩行者成佛。師父殷殷咐囑的聲音還迴盪在腦海裡，突然覺得自己無視那些快被曬成乾的蝌蚪，有些卑鄙。

我決定把蝌蚪移到不會乾涸的水溝中。隨手拿了一個透明塑膠蓋，蹲在泥塘旁開始撈蝌蚪，就像小時候有撈泥鰍的經驗，先將塑膠蓋放到泥水底部，再用小鏟驅趕蝌蚪游到塑膠蓋上，穩穩地撈起蝌蚪以後，再拿到旁邊的水溝放生。在泥塘邊蹲下不久，妻從屋裡走來看我在玩什麼花樣，跟她說明原委後，她欣然加入營救蝌蚪的行列。

通力合作救蝌蚪

「爸爸，這太沒效率了。」妻忍不住小小抱怨，這個泥塘大概有三、四坪大，混雜了長短不一的雜草，裡面大概有上百隻蝌蚪，每當妻將塑膠蓋放到蝌蚪旁時，只要動作稍微大一點，蝌蚪就會躲到草澤裡，如此就要花很多的時間才能救一隻蝌蚪。

這麼需要耐心的工作對我也很考驗，又值近午時分，在太陽下曬得頭都有些暈，我們決定改變作戰策略，一個人專門驅趕這些小蝌蚪游出草澤，另一個人守株待蝌蚪，把牠們撈起後送到安全的地方。不到半個小時，這方泥塘就幾乎看不到顫動的波紋，能救的蝌蚪都被我們轉移了！

「你剛剛在想什麼呢？」攜手走進屋內，妻為我倒了一杯茶，笑問道。我將過程中的受用，與對她的觀功念恩和盤托出，在自然界裡沒有一刻不發生這種物競天擇、適者生存，蝌蚪被曬死雖然很可憐，我又何必花這麼多時間去救牠們？如果不是師父教我們要發大悲心，我可能就不去理會牠們。

妻也述說她的心理變化。一開始她很認真地投入救蝌蚪的行列，發現蝌蚪拚命躲到工具不易使用的草澤中，心底忍不住攪煩惱：「明明是要來救你們的命，為什麼還要躲呢？你們難道不知道水塘要乾了嗎？」還好後來想到通力合作的方式，順利營救蝌蚪。

生活處處演繹佛法

「顯嚴菩薩，你知道剛剛我們一起演了一場《法華經》嗎？」妻迸出這一句。

「嗄？願聞其詳。」

「你看，我們今天救蝌蚪，是不是很像《法華經》裡火宅三車的故事。佛陀說，這一個世界就好像一個老舊傾頹的大房，而我們就像長者他年幼無知的小孩，這些小孩因為好奇好玩跑到大房子去探險，大火忽倏而起，一下子這整棟大房就著了火，眼看就要倒下了。」

「就像這灘泥水裡的蝌蚪是吧，那我們誰比較像長者呢？」我笑。

「要不是師父教，你還不想幹呢！」妻拍了我一下，續道：「而且你發現了嗎？因為發願要去救蝌蚪，一開始的確遭遇了困難，煩惱也攪惱我們的心，不過堅持下去，就發現更有效的方法來救牠們了。好像故事裡的長者，一開始跟小孩大聲疾呼快快離開危險，卻沒有小孩願意理會長者，於是長者就換了方式，哄小孩說只要離開這間房子，外面就有三台美麗的大車等著送給他們，小孩非常高興，於是就隨長者離開火宅。」

「好像一下就把六度都演進去了，你看，發心給予蝌蚪自由，是名布施；願不傷害牠們生命，是名持戒；蹲在大太陽下曬得頭昏而不抱怨，是名忍辱；努力想找更好的救蝌蚪方法，是名精進；能持續做這件事是定的工夫，至於智慧……」我歪頭想了一下。

「智慧，是透過這件事，了解緣起性空的道理。你看，看起來是蝌蚪被救，實際上何嘗不是我們被救，如果不是佛陀說法，師父教我們發心，我們不也是照著自私的習慣過活，陷在我執所帶來的痛苦，得不到利他的法喜。」妻接著說。

「有道理！說不定，在某一世，我們也曾是被佛菩薩救起的小魚兒、小蝌蚪，這輩子才會願意演這齣救蝌蚪記呢！你說是嗎？媛婷菩薩。」

你一言，我一語，和著午後熏風，浸在心中湧出的法喜裡。

哈達的故事

屋後的櫸木落下了葉子，在連續的降雨之後。

走到樹前檢查剝落的樹皮層與樹根，想找出這棵樹生病的原因。繞著樹四周查找，刻意避開一塊略為凹陷、長地毯草的地方，半年多前翻動過的痕跡已不明顯——那是我埋下哈達之處，很久沒來看牠了。

帶來吉祥的哈達

哈達是隻米克斯，在牠還是小小狗時，與牠的姊妹曼達一起被棄養在農場。牠有一身漂亮的虎斑皮毛，四隻腳掌卻是白色的，像穿上白襪一樣，「白腳蹄」在臺灣農村被視為不吉利的象徵，大概也是牠被棄養的理由。除了四隻白襪，這隻小狗脖頸上圍了一圈白領，好似在藏地會見尊貴的人物時，為了表示吉祥與尊敬，會為他獻上一條純白的絲巾「哈達」，這位尊貴的人會將哈達掛在自己的脖子上，或是將原哈達回敬獻哈達者。一位熟知西藏文化的老師，看到這隻可愛的小狗，就送牠「哈達」這個名字，希望牠的一生充滿吉祥。

好名字也為我帶來好運！收養牠們後，老房子開始動工修建；努力多年的通路商終於開始合作；農場也迎來女主人，好事似乎跟著這隻有吉祥名的小狗一起到來。然而，約莫一年前，哈達在野外玩耍時，中了獵人捕山豬的陷阱，頓時失去一隻前腳，如果白色的腳掌表示不幸，那少了一只白腳，是不是厄運就跟著一起遠離？

哈達死的前兩天，只見牠一臉痛苦地從郊外走回來，剩下的一隻前腳浮腫發熱，本想帶牠去看獸醫，但既定的工作行程讓我抽不開身，只得先盛碗清水讓牠舔拭，並觀察牠的狀況是否好轉些。哈達往生時是妻陪在牠的身旁，前一晚牠突然消失，我與妻還猜想，牠是不是好轉了以後，又像平日一般出去玩耍。那日我出門上課，午後接到妻的來電，哭著說哈達回家了，但沒多久就死了，她正在幫哈達助念，並希望我回家後一起處理牠的遺體。

好命也逃不過無常

「哈達，你還好嗎？」繞著埋下牠的樹轉圈，一面想著牠的離去。幫哈達取名字的老師曾說牠真是好狗命，我問老師：「為什麼這隻被遺棄的狗會是好狗命？」她回答道：「能被遺棄在一個有機農場裡，收養的主人是佛弟子，長得又這麼可愛，怎麼會不好命呢？」

「即使這樣好命，也仍然逃不過死亡呀！」我默默想著。有機農場裡有情無數，沒有人類使用農藥的威脅，卻還是躲避不了死主。菜園旁的樟樹下，我埋了一只山羌，應該是被獵人與獵犬徹夜追趕，筋疲力盡後，拖著垂死身軀走到農場的菜園旁，終於不支倒下。我進入菜園，看到牠沒有光澤的雙眼，蒼蠅盤旋在血水已氧化的創口，像一團灼燒乾糊的塑膠，塗在皮毛上迸裂的血痕旁。我有些驚嚇，隨即念了一聲「阿彌陀佛」，拿鋤頭挖了個洞，把山羌的屍體埋在樹旁，口中喃喃誦念的〈往生咒〉，不知是在安撫牠的中陰心識，還是在提醒我自己，即使身在桃花源裡，無常仍舊會到來。

還有次經驗是，在農場的水桶裡撈出一隻死掉的貓頭鷹。因為牠的屍體已經浸泡太久，泡脹的肚子冒出滿滿的白色蛆蟲，我強忍著不適將屍體撈出，但連處理埋葬的勇氣也沒有，直接把鳥屍棄到看不見的樹叢裡，把水桶的水倒乾，就逃之夭夭。

《集法句經》提到：「住於何處死不入，如是方所定非有，空中非有海中無，亦非可住諸山間。」即使是不用農藥，已避免大量生命一瞬間被毒殺的有機農場，死主仍懸在這看似清淨美麗的方所，終有一天顯露他的利牙。

佛陀教導離苦得樂的方法

如果生命可以照著生、老、病、死的規律，逐漸地邁向死亡也就罷了，偏偏不知道死亡何時會到來！哈達死前，我還覺得牠只是不舒服，或許牠就能治癒自己，怎知一出門就是生死兩隔？

《大涅槃經》云：「言死想者，謂此命根，恆有眾多怨敵圍繞，剎那剎那漸令衰退，全無一事能使增長。」那隻我埋下的山羌，大概沒想到優游在山林間會遇到獵人吧！那隻貓頭鷹更沒想到只是喝點水，就溺死了。

難道我們只能無奈接受這顯而易見卻又莫可奈何的事實嗎？我踱著步，想起心裡的問題已經有人徹底解決，不僅自己解決了，也幫助許多人解決，所以直到現在仍受人崇敬。

《佛說無常經》提到：「外事莊彩咸歸壞，內身衰變亦同然，唯有勝法不滅亡，諸有智人應善察。」如果生命必然會死亡，那什麼才是該窮其一生追求的？佛陀徹見了這個問題，由此開展出三藏十二部內容，皆是為眾生說明生命想要的，也是唯一該追求的——這就是勝法的內涵——如何離苦得樂。

用生命教我的這一課

蹲下身，撫著已長成一片青草的小土堆，哈達以前就喜歡這樣靠在我的腳邊被撫摸。「你好嗎？」我在心裡問著。

那天，妻為哈達助念了八個小時，妻描述本來哈達死不瞑目，但我回家掀開蓋在哈達身上的布巾時，牠闔上了眼，只有舌頭因肌肉的鬆弛垂下，感覺像是睡著了一樣。我們知道很多往生助念的亡者會有這樣的過程，但出現在狗的身上，心底不由得感謝佛陀教導我們這些方法，直欲戰勝死主。那位幫哈達取名的老師是對的，只要值遇佛陀，生命就有吉祥！

「謝謝你用生命教我的這一課，哈達。」背後傳來「嗚～嗚～」的叫聲，曼達不知何時走到我的背後搖尾。我拍拍土堆，起身隨牠走回林蔭，那未及陽光落灑之方。

螞蟻的路

一早，妻就在我們居住的老宅四周圍放置「螞蟻的路」。

為螞蟻鋪路

螞蟻的路，就是零點五英吋口徑的硬質塑膠水管。妻長久觀察「疣胸琉璃蟻」，發現這種螞蟻很喜歡或躲或走在水管裡，索性就用這種水管引導螞蟻行走。

近年，疣胸琉璃蟻在中部淺山區域大爆發，嚴重地干擾我們的山居生活，往往一不注意讓螞蟻大舉入侵，就會在廚具櫃縫、家具底部，甚至冰箱裡找到螞蟻。妻是一個正信的佛弟子，堅持不傷害任何一隻小螞蟻，她往往會花上半日把螞蟻一一送出家門，才開始做家事勞務，這也導致山居生活初期，我們常常為了螞蟻問題而鬧得不太愉快，如等到將所有螞蟻都送出門，肚子早餓得咕嚕咕嚕叫，我想為什麼要這樣堅持，而讓自己不愉快呢？

一次偶然的機會，妻與昆蟲學背景的朋友提到她的困擾，朋友聽完她的描述後，分享螞蟻的特性：螞蟻不喜歡走在像魔鬼氈般的粗糙表面，這是因為當螞蟻走在粗糙表面時，腹部會有被刮到的感覺，因此會逃離閃避粗糙面，難以留下有效的氣味足跡。妻聽完朋友的分享後，立刻訂購了三大捲魔鬼氈，沿著房子周圍布下她所謂的「護城氈」，並利用黃油阻隔螞蟻前進時留下的氣味費洛蒙。

後來妻又發現螞蟻喜歡走水管的特性，於是在老宅周圍布設「螞蟻的路」，待完成這些工作後，疣胸琉璃蟻入侵老宅的機會大大降低，我倆也終於開心地迎來有品質的山居生活。

餵螞蟻吃糖

這樣細心保護小螞蟻的舉動，並不是只有妻而已，推動有機農業耕作多年的慈心基金會，在成立之初也有一個跟螞蟻相關的小故事。當年日常法師發願推動有機農業，一群弟子非常好樂，有位陳居士發願建立一座有機農園，他就選在光復節一日，買來了菠菜種子，師父對土地灑淨後，一群人就將種子播在灑淨後的土地上，象徵從此能光復每一片受慣行農法嚴重影響的農地，更進一步光復人心。

沒想到過了幾天以後，完全不見種子發芽，負責這塊農地的陳居士仔細觀察，發現農地旁有個螞蟻窩，蟻窩旁有許多菠菜種子的空殼，可想而知，這些種子都被螞蟻吃了。當下他感到熱惱無比，直想用一把稻草點火處理掉這窩螞蟻。才起念頭，回家後他馬上接到師父關切的電話，陳居士一五一十地把這情況報告師父。師父聽完後哈哈大笑說，這些螞蟻吃得很高興，很感謝他呢！並教他再去買包菠菜種子，並且要買一包糖。

他丈二金剛摸不著頭，為什麼種菜需要買糖呢？師父告訴他，螞蟻最喜歡吃的就是糖，在這次種菜時，撒一些糖在螞蟻洞口，螞蟻就會搬糖而不會搬走種子，菜就有機會發芽長大了。

其實，不只是要讓螞蟻吃得高興，才可以種得出有機菜，要從事有生命力的有機農業，還非得靠生機盎然的地下生命世界維持土壤健康，進一步才能栽培健康的農作物。作物健康了，自然就不需要用農藥來保護，這才是有機農業的真諦。

保護我和我們

最近，「淨零碳排」的議題由於全球氣候暖化加劇而逐漸受到重視，不管是各國政府、企業或相關團體皆付出極大的心力與資源探討這問題。其中，法國基於科學調查研究，在二〇一五年的巴黎氣候峰會上提出「千分之四」倡議：假設可以每年於表層零至四十公分土壤增加千分之四的碳含量，就能有效地抵銷工業革命後人類活動所增加的碳排放。土壤的碳要增加，就必須透過土壞體中動物、植物、微生物交互的生命作用，才有可能達成，如果從這點來說，保護土壤裡的生命，就是在保護人類的未來。

或許是福報漸漸夠了，除了有機農業認驗證外，政府這幾年也針對友善環境的友善農業，提出各種認證與環境補貼，例如綠色保育標章、友善石虎標章，已意識到保護生命對人類社會存續的重要性。

我們的生命需要依靠其他生命才能存活嗎？如果靜觀一方土壤體，分析所有物質與能量的流動，會很驚訝地發現這方天地居然與假名安立的「我」有關，存在於這方天地的物質與能量，透過種種鏈結，生物鏈、生產鏈、經濟鏈、社會鏈……傳遞構成所謂的「我」和「我們」，既然如此，傷害這塊土地上的生命，不就是在傷害「我」和「我們」嗎？

願安立一切有情

寂天菩薩在《入菩薩行論》中寫下：「珍貴菩提心，眾生安樂因，除苦妙甘霖，其福何能量！」這裡的眾生當然包含所謂的「我」在內，就算只想要利益自己，如果仔細地觀察，仍要使與我相關的所有生命、環境都得到利益，「我」才能得到好處；與「我」相關的範圍愈大，「我」能得到的好處就愈大，所以這個「願安立一切有情得到最究竟的利益」的動機，不正讓「我」得到最多好處？

就像讓螞蟻安全離開老宅的作為，不僅讓牠們回到大自然舒適的家，也讓我們有乾淨悅意、不需用藥就能維持居住的環境，算一算到底是利益誰了呢？

讓愛傳出去

早上七點，手機裡顯示阿甘姊來電。

「你有沒有適合放在禮盒裡，安全、安心又不會讓成本大增的茶呢？」阿甘姊在電話那頭問道。

阿甘姊是我在擺攤時認識的攤友，她負責的攤子是「雲林縣小天使協會」，這個協會是由一群身心障礙兒的家長們，為了孩子融入社會求生存所成立的組織，課餘時間帶孩子從事活動，像是製作手工餅乾、果乾加工、節慶糕點等。他們還有一個由身心障礙兒組成的樂團，如果有人邀約，就會出團表演，也賺取維持協會所需經費。阿甘姊掛名「活動長」，實際上就是校長兼撞鐘，是小作所的產線主任，也是樂團的經理人，當然，也是孩子的家長。

聽完阿甘姊的需求，我盤算了一下，如果按照她所需要的價格供給，連生產成本都不足，何況有機認證農戶又受到《有機農業促進法》的種種限制，當下便知自己很難接下阿甘姊的生意，於是耐心地向阿甘姊說明現況。

「張先生，謝謝你跟我說明。這一款公益禮盒是我與孩子們的家長討論後，決定要放什麼內容物。除了我們自己做的餅乾、糕點、果乾外，也想放入飲品，讓享用這組禮盒的人可以調整味覺感受。本來最能代表這個地方的飲料作物是咖啡，詢問價格後只能另尋它物，後來想到你的茶和你的人都讓人很安心，想加入你的茶，聽完你的分析以後，好像也變成死胡同……」

為成就公益想辦法

在電話中聽著阿甘姊叨叨絮絮，我感受到她心裡的急迫焦躁，離提案截止日只剩不到幾天了，這組公益禮盒卻還有格位空缺。我在心底向佛菩薩祈求，希望能幫阿甘姊解決她的問題，突然間靈光一閃。

「阿甘姊，如果是要讓消費者安心，其實不一定要用到有機標準的產品，符合政府法規的安全農業也很合適，只要遵守安全用藥標準，也能達到無毒安心的目的，這樣的產品也更能滿足你的需求喔！不如我來幫你介紹這樣的茶廠。」我對著電話那頭的阿甘姊說。

倘若不想做賠本生意，兩、三句話就可以打發阿甘姊；如果硬要把這生意攬起來，自己又不能完全不計較得失。既然阿甘姊希望找到的是令人安心的好茶，不如就幫她找到她需要的東西，既能滿足她的需求，又能促成一樁美事，這不就是當個菩薩該有的善巧嗎？

打定主意後，我拿起電話詢問，沒多久就找到符合阿甘姊需求的茶廠，馬上敲定雙方共同拜訪的時間。當日，我陪著阿甘姊與協會志工一起拜訪相熟茶廠，遞上計畫資料與禮盒樣品，說明找茶的緣起，希望茶廠老闆能提供安心實惠的好茶。沒想到，我反而聽了更多充滿愛的故事。

充滿愛的人間

阿甘姊的小孩與她並沒有血緣關係，經過幾年求子未成後，阿甘姊與她的先生決定要領養小孩，一開始高高興興地迎來小寶貝，怎料他們的小寶貝在成長過程中，行為表現愈來愈不像一般的小孩，經過一段時間的觀察評估後，小孩被診斷是中重度的自閉症。

「我們起初也覺得命運捉弄人，怎麼也沒想到要個小孩，卻跟來了完全意想不到的功課！」阿甘姊泯一口茶、悠悠地說。

「我想得很簡單，這個孩子會來當我們的孩子，一定是老天覺得我們有能力給這孩子幸福。陪伴他長大的這些年，我集合了這些身心障礙兒的家長們成立協會，成立了小作所讓孩子有獨立謀生的技能。老師在學校教孩子演奏樂器，我們順勢成了小天使樂團，四處帶著孩子與孩子的家長們出團演奏並接受打賞，我就是要讓他們知道，即使生下來就折了一雙翅膀，也能很有骨氣地翻滾出自己的人生！」

阿甘姊說這段話時，我簡直覺得她全身放光！在《菩提道次第廣論》中，對於菩薩精勤利益眾生，宗喀巴大師曾寫下：「應當隨念，發菩提心為諸行依而勤修習，則於精進為欲安立諸有情故，策發修學漸令增長。」意思是菩薩道的行者，應當隨時憶念發菩提心，是行菩薩諸行之所依，以此精勤修習，因此，精進是為了要安立一切有情於究竟的快樂，為了這樣的目標，策發自己努力修學，而使得精進漸漸增長，進而圓滿精進度。

要能生起菩提心，就是要把眾有情視作獨一愛子，由於引發自己的悅意可愛，才能對有情生起予樂慈心與拔苦悲心。阿甘姊為了幫助自己的孩子，以及眾多身心障礙兒的種種努力，與經典上描述的菩薩形象重合了！

讓善不斷循環

「阿甘姊，你不必擔心沒搭配有機農產品，會讓這款公益禮盒失色，在我看來，你的發心就會讓消費者安心，更何況慈悲心就是成辦有機農業的因呢！」我向阿甘姊舉杯。

「也讓我們茶廠參與這份善吧！」茶廠老闆開口說。「我決定，我們這邊的安全茶葉，不管是什麼風味，都願意無條件捐給你們。」茶廠老闆說出這句話，圍在茶桌旁的眾人突然安靜下來，一股暖意罩著整個空間，阿甘姊與在場協會的志工一下子不知道要說什麼，茶廠老闆為大家面前的杯子再斟滿浮著氤氳的茶湯。

「也幫我們把愛傳出去吧！」茶廠老闆笑道。

菩薩的茶

將茶園耕作的方向調整成「有生命力的有機農業」，已近三年。茶園的工作幾乎只剩雨季時茶行間的除草，以及時不時的施肥，田裡的聲音與腳印常讓我想：「又是誰住進來這方天地？」以前無解的茶角盲椿象危害，現在卻鮮見其刺吸的食痕，茶菁完整度提高，不再因為茶葉傷痕累累使萎凋走水困難，製茶工藝性就能凸顯，比賽也拿了獎。

除了自身耕作的體會，解決客戶痛點的經驗，讓我們更相信：種植有生命力的茶，就是在做「菩薩事業」。

不愛喝水的東東

東東是讀三年級的小學生，個頭卻只有一年級生大，除了長不大讓媽媽擔心，還有一個狀況令媽媽也傷透了腦筋：東東不愛喝水。東東的媽媽會準備水壺讓他帶到學校，但放學時總看到幾乎原封不動的水壺。

焦急的媽媽曾想請學校老師幫忙留意東東喝水的狀況，但東東不知道為什麼有時會違犯老師設的規矩，老師對於不聽話的小孩，就是處罰他們下課坐在位置上，不准說話也不能跟其他小朋友玩。老師也在聯絡簿上寫下了這些觀察，請媽媽留意東東脫序的行為。

媽媽也和東東溝通了很多次，但東東只是淺淺地笑一笑，到了學校又依然故我。教小孩子守秩序都有困難，媽媽也擔心請老師關注東東喝水，會不會反而惹老師不高興，儘管每天接小孩時看到滿滿的水壺，內心焦急擔心，卻一點辦法也沒有。

前一陣子，東東一家來農場踏青，他簡直如魚得水！茶園旁的草坡也好玩，老屋前的石子也好玩，山溝裡的泥巴塗了滿身，索性把所有的衣服都脫了，拿根竹竿舞得樂不可支，妻與東東媽在旁笑了開懷，拿出手機留下許多「限制級」影像，兩家人一起度過了美好的農場時光。

東東的改變

最令東東媽高興的是她的兒子喝水了！東東在農場特別喜歡喝水，還會主動倒水來喝。東東喜歡喝農場的茶，在泡茶時，東東跟他弟弟主動司茶，斟了幾杯給大人們以後，自己也咕嚕咕嚕地喝了好幾杯，這樣的舉動特別讓他媽媽高興，要是平常在家裡、學校能這樣喝水，該有多好。

他們一家離開農場前，我們送給東東一包茶，妻特別上前跟東東媽說上幾句，希望她能每天在東東的水壺裡加入一點茶葉，觀察一段時間後，再告訴我們他的狀況。幾天後，妻接到了東東媽感激的來電，表示自從在他的水壺裡加入了茶葉以後，東東每天都把水喝完，奇妙的是，連東東有時在學校脫序的行為都消失了。

「根據我的觀察，東東可能是個觸覺敏感型的小孩。」妻拿起茶杯抿一口茶。在東東來到農場的期間，妻發現他的感受相當敏銳，可以非常具體地體會並描述他經歷的事物。

「他之所以喜歡喝農場的水，是因為這裡的山泉甘美，反過來說，他之所以在家裡、學校不喜歡喝水，是因為城市裡的水不好喝。」妻說，東東是個非常聰明的小孩，因為不想喝不好喝的水，所以刻意想辦法不要口渴；要不口渴，就不能一直運動玩耍，消耗身體水分，剛好老師的教誡方式是靜坐，所以東東故意違反老師的規定，目的就是不想動。如果小孩不運動，就不會啟動身體的生長代謝機制；當身體的代謝不啟動就不會想吃，不吃就沒有足夠的養分支持身體長大。

「所以呢？」妻頓了一下，笑盈盈地看著我：「爸爸，你功德無量！」因為東東很敏感，他可以感受到這種有生命力的東西，所以就會願意喝茶，只要在他的水壺裡加一點點茶葉，他就願意喝水；喝了水就不會為了不想動，刻意違犯老師的規矩。當不願意動的理由消失了，東東就會願意運動，身體會消耗能量，就會肚子餓，就會想吃東西，只要小孩在這時候營養充足，長大就不成問題了。

沒想到，我在這邊種茶、製茶，竟然能幫助東東媽解決困擾。種茶還可以解決小孩不愛喝水引起的苦樂問題。

善業的漣漪

我曾經發願：經營農場猶如道場，希望來到這裡的生命都能獲得他想要的快樂，原以為這願望是要自己很有能力才可能辦到，沒想到只是耕作概念的改變，這塊土地產出的茶就用想不到的方式在利益人！

「菩薩願如意，成辦眾生利，有情願悉得，怙主慈護念！」《入菩薩行論．迴向品》中提到，菩薩願將一切功德迴向，能隨心所欲地成辦眾生的利益，其實不是只有菩薩接觸到的有情才能得到利益，僅僅菩薩依法所成的事業，善業的漣漪都能一重又一重地將快樂種子送到所化心上，這就是菩薩的善巧！

我們想要學當個菩薩，因此將有機茶事業的名稱，取作「菩茗」，菩薩的茶，願能像寂天菩薩一樣發願：「乃至有虛空，以及眾生住，願吾住世間，盡除眾生苦！」只要我們在這裡種茶的一天，都能利益無量無邊的有情，這就是我們的願！

在東東一家拜訪農場後的兩個禮拜，東東打電話給我們：「叔叔、阿姨，你們要注意喔！你們的茶這麼好喝，千萬不要把做這茶的祕密讓人知道了。」東東在電話那頭殷殷囑咐，我與妻兩人笑了開懷。我說：「東東，如果這茶的祕密被全天下的人都知道了，那這世界就有救了！所以要讓愈多人知道愈好，你也要幫叔叔、阿姨傳遞這祕密喔！」

誠意吃水甜

妻的表哥一家來訪農場，我教姪子小R如何泡茶。我告訴他，將熱水注入壺中以後，蓋上壺蓋，然後要很認真地對著茶葉說：「祝你快樂！」念三十秒以後，再將茶湯倒出，然後把茶湯分送給每一個人，希望他們都能得到快樂。

小R認真地照著做，旁邊的大人拿著手機拍照，樂不可支，飲下自己那杯茶湯後，紛紛讚歎這茶又甜又好喝，要姪子再用同樣的方法泡一輪，大家在這樣愉悅的氣氛中，度過一個下午。

或許表哥會以為，就是那樣愉悅的氛圍，讓這杯茶顯得特別好喝，但我心裡明白並不完全是那麼一回事，真的是小R的祝福讓這杯茶變好喝了。

神奇的一杯茶

兩年多前，我到一家有機連鎖超市的農民市集擺攤，旁邊是種番茄的攤友，他的興趣是尋找水源、研究身體的氣場反應與地下水脈間的關係。我一向是個好聽眾，即使對方的分享超越我的經驗世界，基於禮貌，也會很認真地聽。他與我訴說著他的發現，提到地下水脈上方的大氣現象，植被林相變化與地下水脈的關係，樹木如何引導水脈的方向，手掌的酥麻感與水脈位置深淺……

他略為停頓一下，說道：「其實，心念的力量似乎能影響水的一些特質，而且還可以用五感體驗。」

「這太超過我的經驗世界了！」我不置可否，隨口問他是怎麼得到這觀察結果，心底盤算趕快結束這個話題，我想專心擺攤賺錢。攤友拿起擺在我攤上的一杯茶水，略為神祕地微笑，說道：「你先喝一點你自己的茶，並且記下味道。」我聽話照做了，然後攤友對著同一杯茶水，很認真地對茶水說：「請把你的能量關起來，謝謝！」如此重複了三次，然後滿臉燦笑地要我再喝一次。

「你在耍寶嗎？」我接過這杯茶，心想剛剛臉上的表情是否笑得自然，並斟了一些到小杯裡啜飲，茶湯在我的口中停留不到三秒，我卻感覺像被雷打到，整個時間暫停住一樣。我不可置信地望著攤友，他同樣是一臉燦笑，彷彿早就知道一般。

「茶變難喝了，對不對！」他肯定地說道。

心念的力量

我很難相信這同一杯茶，原先順口、回甘的茶水，此時卻變得澀口，彷彿口中含了鐵片一樣，僅是對茶說了幾句話！攤友取回這杯茶水，說只要再把這杯茶的能量打開，茶湯的口感就會回復，於是他很認真地請這杯茶水再把它的能量施放出來，並且誠心地感謝，祝福完以後，這杯茶又回復到原本的甘美，口腔完全沒有先前的異物感存在。

「你是薩滿嗎？」我帶點不可置信的口氣問，攤友依舊笑得開懷，心念的力量可以影響水的味道，對他而言不是個超自然體驗，是物理現象。

有次，我與熟識的中醫師提到這件事，中醫師聽完非常開心，表示這就是他們診所的祕密：在開業之初，有一位主管醫生在門口，為患者奉上一杯養氣茶，並關懷病患，這間診所也因為這樣的服務，開業沒多久便成為該區就診量最高的中醫診所，喝過那杯養氣茶的患者，都覺得診所提供的茶非常好喝，喝完精神很好，以為這杯養氣茶一定有什麼特殊配方，殊不知這杯養氣茶的配方十分普通，僅僅是在奉上這杯茶時，醫生對著這杯茶說「謝謝」、「感恩」、「祝福您健康」罷了。

從這些身邊的經驗歸納出：心念的投射似乎能改變他人的感受，雖然這些經驗還沒經過較嚴謹的實驗證明其真偽，但有一點可以肯定，就是自己的感受因為認知的改變而隨之改變。

一切唯心造

佛教常利用「十二緣起」來說明心念如何影響感受：我們現在的感受是由

於過去的經驗、習氣所積累而成，當外在的客觀環境、自身的感官，接收內在的習慣認知（觸）以後，就會產生覺受，如喜悅、悲傷、歡愉或憤怒，我們的心會進一步抓取這樣的感受，喜歡就執取，不喜歡就排斥，如此於心內就決定我們的行為，形塑成每個人的生命，在十二緣起中，由「觸支」至「老死支」說明上述過程。

我們為什麼對外在的客觀環境產生主觀的感受，也就是我們的內在認知如何形成的，十二緣起中用「無明支」至「六入支」來解釋，換句話說，我們並不清楚感受如何形成，正因為不清楚的緣故，我們的感覺往往不全面、偏差，順著這樣的感覺走，就與實相愈離愈遠。因此，禪的智慧，便是在「受支」上下工夫：看到就只是看到了、聽到就只是聽到了，僅此而已，不再外加愛取，多做解釋。

話雖如此，又要怎麼解釋「送祝福的茶水」喝起來比較好喝？或許有人會質疑這樣的現象是心理作用，仔細想想，如果可以透過送祝福讓自己一切的感受變得美好，那豈不是最實用的修行？至於「送祝福轉變感受」與「阿Q

精神」間的差異，或產生「既然送祝福可以轉變一切感受，那就在當下努力送祝福就好，不需要在因地上努力？」這樣的想法，不妨就留給讀者自行比較辯證了。

佛印禪師見蘇東坡禪坐像一尊佛，如果我們飲一杯茶感覺像飲楊枝甘露一樣，豈非在一盞茶間就到了佛國淨土？不管他方傳遞過來的心意為何，自己若能勝解作意，心即得自在平安，況且誠意真的吃水甜呢！

有機的初心

「爸爸，你為什麼想用現在的方式耕作有機呢？」妻問。

她喜歡直球對決的對話，總會讓我楞了一楞。仔細回想從農的日子，還真無人用這種直白卻入心的問法與我對話，直到與妻在一起以後。

「或許是因為我比較懶吧！坦白說，一開始我並不喜歡農業，甚至也沒有從農的打算，只不過為了家庭返鄉罷了。」我回答。

腳踩泥巴的兒時記憶

「真了不起！為什麼不愛從農，還能堅持這麼久？你心裡的聲音是什麼？我想聽你心裡的聲音。」妻走到我面前，用手指在我的心口畫了一顆心。

這直取內心的動作，不由得讓我心跳加速了。返鄉八年，一開始只是家裡需要，因此投入有機農業的工作。一路跌跌撞撞、吃足苦頭，到現在都還在繳學費，怎麼能說喜歡？

抓取記憶的浮光，憨笑的父親與眉頭深鎖的母親映上眼簾……是呀！陪伴父母老去是返鄉的初心，這是堅持有機耕作的理由嗎？記憶片段不斷地浮上，父親的臉變成老師的臉，從在課堂上挺著他的啤酒肚說明土壤黏粒分布，轉成在野外鑽取土芯仔細研究的畫面，從那時候開始，我發現自己對土壤有分特殊、熟悉的感受。

拿著小鏟子在老屋旁的泥地挖掘，是少數還能憶起的童年時光，當時泥土裡鑽扭的生命，被一雙好奇的眼睛盯著，可能也有種隱私被侵犯的感覺吧！在六月過後，梅雨與午後雷陣雨交替的季節，砌石牆底湧出的山泉注滿老屋旁乾燥的水溝，蟄伏於土底的生命全數湧出，農場夜間的小調瞬間變成交響奏鳴曲。兒時的我，最大的樂趣就是用小鏟挖取土石，築成水壩，再將捉來的螃蟹與青蛙放到小水塘中，或者赤著腳在泥巴裡踩呀踩，總感覺與泥巴特別親近！

具生命力的土壤

爾後，隨著求學，離開了鄉間，也少了裸腳踩泥的機會，原以為這樣的感受難再有。大學時，跟了一位土壤教授上山下海四處玩土。蘭陽溪沖積而成的平原，剛插秧的水田倒映著雪山山脈，以及濕潤空氣凝結而成各種奇形的積雲，這裡的土壤帶著長期泡水產生的還原味。大屯火山群是難忘的挑戰，雖然帶回的是比重相對低的火山灰土，沿途收集樣本的結果，下山反倒背了近三十公斤的土芯樣本，卸下背包如釋重負的瞬間，感覺都要飛上天了。桃園的故事美麗而複雜，在新屋、蘆竹一代的水田，看到五色斑斕的大剖面，說明地下水與空氣交互填充土壤孔隙，先人於此地生活拚搏的痕跡也參與著，由不得產生一種無限延伸的歷史感。嘉南平原是臺灣的糧倉，一層一層依序堆疊的土壤層，挖剖面時由衷地感謝背後的大山，就像母親一樣，用溪流哺育這片土地，也養育了其上生活的萬千有情。

在一次至惠蓀林場樣區的土壤調查，扭轉了我對養地的見解。我以為土地是靠人養而肥美，所以「人養地，地養人」，人要先能投入，才能從土地獲取收穫。當我們在數十年前因山崩而進行造林的土地做調查，儘管土層不厚，深棕的土壤與放線菌帶來的清新土香，都說明了這裡的土壤有活力與肥力。平緩處肖楠造林挖掘的剖面更教人驚歎！樹根鑽延在三臺尺厚的土壤層，土壤疏鬆又具結構，連人無法耕作的底層土壤都帶有機分子的氣味。

是樹！是生命！這一片樹林與生活於其間的生命，讓這土層逐漸變得豐美，若不是資料顯示，僅看這土壤，又怎麼知道數十年前，這是一塊新生的崩塌之地呢？那時我似乎體悟到了些什麼，只要生命能在土壤裡持續生存、繁衍、更迭，土壤自然會變得有生命力。

答案藏在土壤裡

生命的物質由何構成？「四大合故，假名為身。」《維摩詰經》上這樣說著，這四大分別是：地大、水大、火大、風大，當四大種依緣和合，事業、現象依此成辦。有趣的是，土壤圈是由岩石圈、水圈、大氣圈與生物圈交集和合所構成，土壤粒子即是岩石風化所成的細小礦物質，土壤的孔隙中不是充滿水，就是充滿空氣，而將太陽能量帶入土壤體的，除了陽光本身的溫度，就是植物光合作用後，將能量以生物可以利用的碳基形式注入土壤中，生命的物質面，就在具足條件的土壤裡發生，穩定繁衍，直到外在條件變化了，生命現象就隨之改變，甚至消亡，確實印證了大種所成的有為法特性：成、住、壞、空。

有機農業耕作若是有為法所成，只要具足相對的條件，事業就可以依緣成辦！返鄉的這幾年，對農耕方法不那麼確定時，我都想起那幅森林土壤的剖面，或者乾脆放下手邊工作，走到茶園旁的桃花心木林，撥開落葉，用手舀挖底下呈現棕黑的土壤，嗅一嗅土壤的氣味，觀察生活在落葉層下的節肢動物，答案就在土壤裡！

兒時赤腳踩泥的體驗，大學課堂裡土壤知識的講解，研究室南征北討挖剖面，至耕作時面對滿山雜草，對作物生長的種種觀察，經典上佛陀與諸大菩薩對於物質與生命的詮釋，至此連成一線光明，直指著返鄉從事有機心底真正的聲音。

「我想，是因為土壤裡有佛法，為此歸來從事有機吧。」我回答。

誰給了肥？

「你們為何而來？」台上的老師單刀直入地問參與的學員，台下一片靜默。

這是一場土壤科普活動，目的是要帶參與者認識平常不易觀察的地下生命世界，點出我們對土壤的觀點會直接影響土壤品質，以及衍生出後續土地利用時所遭遇的問題。從事有機耕作已近九年，我心底有一堆未印證的觀察待請教，自然是不會錯過這個機會。

地底下的生命

「我做土壤肥力監測從沒有間斷，從開始接手父親的有機田地起，每一年的報告監測，顯示土壤的肥力愈來愈低，農試單位也建議要多補充肥，弔詭的是，在肥力愈來愈低的情況下，收成不但沒有降低，反而愈來愈好，這該如何解釋？」道出我的觀察，老師表示讚許地點點頭。

她隨手用電腦交叉開啟幾張幻燈片，用清晰而堅定的語調說明圖片背後代表的科學意義，台下多數人似懂非懂，少數幾人表示了解點點頭，我的心彷彿戳破了一層遮著光的窗紙，由科學語言描述的故事，關於地底的生命世界與人類農業間的相依相存，愈發清晰了起來。

地底下存在著一個生命世界，它與人類的生存息息相關，卻難得有人能注意到它的重要性，這個生命圈就是土壤生態系。從物質與太陽能進入生命世界的角度來觀察，這個生態系有多重意義：維持土壤品質、驅動物質轉化、穩定水與大氣環境，以及因這些作用間接影響與人類生存的直接相關部分——農業生產。

施肥過量的結果

「在二十世紀初，一項影響全人類生存的技術被發明出來。」老師用投影片上的圖表說明，德國科學家弗里茨．哈伯（Fritz Haber）與卡爾．博施（Carl Bosch）利用化學程序成功地從空氣中將氮固定下來，從此打開了氮元素進入物質世界的大門，配合品種改良與農業藥劑，科學家們發起了兩次綠色革命，成功地將糧食增產至足以餵養全世界的人口。

「然而，」老師略頓一下口氣，「科學家們以為推開了通往大同世界的門，沒想到這扇門後藏著潘朵拉的祕密。」一開始氮肥投入到農地裡的增產效果太好了，所以農人拚命地用，忽略了起初化學氮肥之所以有效，是因為其他配合的礦物質養分不缺乏，土壤尚具有能進行氣體與水交換的結構。等到土壤礦物質養分缺乏，生物活動衰退進而無法維持土壤結構，導致氣體與水無法有效進行交換，化學氮肥的效果就愈來愈差，乃致於出現反效果。

「你們猜，在臺灣目前施到水田裡的氮大概只有三成有效，那施到旱田裡的氮有多少能轉化成作物生長所需要的營養？」老師要我們給出一個數字，台下的同學紛紛猜測，老師一直搖搖頭表示沒猜中。「一成，投入到旱作裡的氮肥，僅有一成被作物利用，那剩下的九成到哪裡去了？」老師秀出另一張投影片，是地下水與表面水體氮含量超標的調查報導、營養鹽過高導致優養化的湖泊與海洋、比二氧化碳影響強上三百倍的溫室氣體（氧化亞氮），就是超施到田裡的肥，流布到環境帶來的結果。

「施肥過量的結果是，我們正在劫奪土地的礦物質養分，更糟糕的是，這樣的農業行為也使得土壤生態系窒息，土壤愈來愈劣化。看到了嗎？貪心又無知的結果，就是為明日人類的災難浩劫埋下種子。」老師為這段講解下了一個令人背脊發涼的小結，我卻在其中看到佛法。

不與而取即是盜

五戒是佛教徒的基本行為標準，第二條是不盜，「盜」的定義非常有意思，稱「不與取」。由於自己的貪，將未經他人允許的東西，用豪奪或詐取，或偷竊，或教人作，將他人的物品占為己有等種種方式，就是不與取。

超施化肥明明是給更多的物質到田地裡，為何會是不與取？因為化肥必須協同存在土壤中其他的礦物質營養，才有辦法轉化成作物的組織，而這些礦物質營養是經過千萬年來土壤風化作用所形成，若無法同時補充這些被作物提取的營養，只不斷地投入化肥，等同於變相耗竭這些需要長久時間才能釋出的土壤礦物質。換句話說，我們未經未來土地使用者的同意，便豪取強奪了土壤裡的營養，這正是一種不與取。

捫心自問：「從事農業的過程，我是否有與貪俱生之思？」超施肥料其實就是貪的現行，因為想要更多收成，誤以為多收成代表更多快樂，因此陷進了未觀待緣起。線性思維的誤區是以為靠施化肥就能得到豐產，卻不知這樣做正一步步毀壞農人賴以維生的土地。仔細探究其因，是煩惱讓我們沒看清楚真相就急著下手，如同《入菩薩行論》所說：「愚人雖求樂，毀樂如滅仇。」我們是否正毀滅明日的快樂呢？

「要扭轉這種惡劣的現況，就必須徹見事實，了解土地真正能豐盛的原因。張同學，你的農地檢驗出來的有效氮含量愈來愈少，產出卻愈來愈豐厚，可以跟同學們分享你是怎麼做的嗎？」老師笑咪咪地示意我分享。

「農夫該做的工作，就是提供土壤生物生存需要的條件，當地下的生命能盎然地在地底下生存，就有愈多免費的勞工送肥給種在地上的作物，作物有充足均衡的肥力，生長自然就健康，收成當然也就愈好了！」台下同學瞪大了眼，聞所未聞！老師滿意地點點頭。

我心底想，真想讓你們知道——這其實是佛菩薩教我的不盜呢！

幫土壤鬆筋

「我先幫你把身體放鬆喔。」師傅輕輕地揉我的背，準備一回撥筋療程。

原先是妻體諒我農務操勞，希望我要保養身體。我自認身體健康，為了家庭和諧，對她的關心半推半就，沒想到做完三次療程，搭配撥筋師強調的保暖生活，身體狀況大有改善！不但精神變好，勞務工作耐受力變強，體重也減了五公斤，整個人看起來容光煥發，轉變明顯直教旁人感到不可思議！

為孩子學撥筋的師傅

「其實我也是因為孩子的示現，才開始去觀察日常生活的環境汙染、慣行農作、加工食品，甚至是情緒壓力，究竟帶給身體多大的影響。」撥筋師傅沿著我脊椎兩側的膀胱經撥弄，陣陣痠麻感中，品著他道出的體會。

師傅的小孩患有嚴重的異位性皮膚炎，每每到了季節轉換，甚至不明原因，小孩身上就泛起陣陣紅疹，小孩癢得受不了，用手搔抓，往往把皮膚抓得潰爛流湯，甚至痛癢得整夜無法入睡。身為父母著急得不得了，帶著小孩四處求醫，除了塗抹醫院開的類固醇軟膏與服藥，以及消除環境中的疑似過敏原，似乎也沒有別的處置。即使能做的都做了，他們小孩的皮膚仍不時泛起大片紅疹，一家人臉上都帶著深黑眼圈，因為根本無法好好休息，看上去十分憔悴。

與師傅住同一棟樓的撥筋理療師見到了他們一家的狀況，心疼之餘，試探性地問：「不然，讓我來試試，我想撥筋可以改善你們家小孩的狀況。」那時還沒有學撥筋技術的師傅心想：我試過這麼多方法都沒有效，撥撥弄弄，又能改善多少狀況？或許是理療師誠懇的態度，也或許是死馬當活馬醫，他決定姑且一試。在經歷了近半年的撥筋療程，以及實踐保暖生活後，小孩的異位性皮膚炎竟奇蹟似地治癒了！「也因為靠這方式治癒了我的小孩，我發願跟著老師學撥筋，也開始幫有類似病苦的客人處理，希望能透過我的手與口，把親身的體會告訴他們。」師傅處理好我的背，換了一個手法拉伸筋肉。

「我們的身體幫我們工作，抵抗外邪侵襲，累積了極大壓力，無怨無悔，我們卻不知道要感謝這個寶貴的身體，超量地壓榨它，該休息時不休息，吃不乾淨的食物，嗜吃肉類或是各種加工食品，像是餅乾、洋芋片、冰淇淋。更別提現在氾濫的手搖飲了，寒涼的飲食，很容易消耗身體的熱能。」師傅幫我抬起手臂，鬆開手臂緊結的筋肉。「不但消耗身體寶貴的熱能，體內累積了很多毒素，氣淤造成筋結阻塞，久了身體就產生各種疾病。」他幫我舒伸手臂，頓了一下，「我小孩的異位性皮膚炎，其實就反映了這個過程，撥筋只是理療的一個下手處，吃乾淨的食物，保持好心情，維持身體熱能，都是治癒病的關鍵。」師傅向我道出他的心得。

這番體會，簡直就是修復受損慣行農地的過程！由於過去以「控制」、「壓榨」、「掠奪」等自我為中心的想法，來使用農業土地，所以用農藥控制病蟲害，投入化肥擠出作物產量，噴灑除草劑除去雜草，用重型農機將土壤打成像麵粉般蓬鬆，興建溫室把感覺會傷害作物的因子全阻隔在塑膠膜外……超限利用且無知的情況下，農人耗竭土地能量，珍貴的農地逐漸劣化成什麼也種不出來的惡地。要想扭轉這種現況，須見到現有方法的過患，從改變見解開始，轉「控制」為「順應」，學習斷捨「以我為主」的想法，嘗試從總體的角度而非單一視角面對境界，並找到當下可做的下手處。

修復土地猶如修復身體

過去不當耕作，土壤的有機碳與礦物質養分被過度消耗，在知道土壤生物活動是恢復地力的關鍵，就必須遵循孕育生命的原則，用各種方法活化土壤生物活動，例如：創造空氣與水能流動的土壤孔隙；讓各種型態的碳物質與碳能量，包括醣類、有機酸、纖維、木質素等，注入土壤，避免土壤侵蝕與流失以保護珍貴的土壤粒子。好比鬆筋、保暖生活、溫熱飲食，這些日常可實踐的下手處，都是為了能保存身體珍貴的熱能，讓身體各處的循環代謝都更順暢，遵循這些原則生活，人就有元氣而不易生病；同樣地，讓物質與能量在土壤體中無礙地流動，土壤就會逐漸被修復。

「不善生諸苦，云何得脫除？故我當一心，日夜思除苦。」撥筋師傅分享的生命故事，讓我想到《入菩薩行論》此偈。求變的動力，來自離苦，若有福報，能知曉正確的除苦教授，了解苦的感受源於造作不善業，深入觀察思考，就會反省過去所造惡業，以及誓願當下不再造作惡行。然而，活在娑婆世界，改變又談何容易？因此佛陀告訴我們，必須具備正確抉擇的智慧，這樣的智慧由多聞及善達法無自性而得；若具智慧，即使在惡業輪迴的漩渦中，也能找出一條回善的光明之路。

還有一個貫串這故事中的偉大力量，是師傅對他孩子的愛！愛的力量帶著他穿越治癒孩子病苦過程所帶來的磨難，也帶領他體會生命運作的機制，從中領悟治癒病痛的方法；無私的愛，就是菩提心的基礎，就在與撥筋師傅的一期一會中，我看到他透過這門技術入菩薩行。

「下回，你可以與我分享自然農法的耕作經驗嗎？」師傅示意我起身，隨口問道。

「告訴你一個小祕密，我的工作，其實就是幫土壤鬆筋而已。」

第四篇

護生的慈心農法

菩薩的農法

現在農業方式多元發展，不同的流派各有其特色及擁護者，我現在施作的農法，有需要再標出一個慈心農法嗎？我帶著疑惑請教法師。

法師將繞在腕上的念珠解下，持在手裡，笑盈盈地看著我。

「張居士，你有沒有想過名相的作用是什麼？既然名相的本質是空，為什麼還需要名相呢？」問題直接了當地擲來，我沒想到來討論農業問題，還會被問到佛法，當場楞了一下。

「那我們換個方式來思考，如同你所說，現在的農法流派這麼多，你說說看你的觀察，為什麼有機農法叫作『有機』？為什麼自然農法叫作『自然』？還有其他的農業方式，你都可以試著論述看看他們為什麼被如此稱呼。」法師將雙腿盤起，示意我繼續思考。

對慣行農法的反思

我試著說說自己的理解。在臺灣，有機農法一開始其實是對所謂「慣行農法」的反思，慣行農法是使用農藥、化學肥料、特定品種、大型農機具與環境控制的現代農業方式，由於慣行農法的運作對環境造成極大的影響，線性化與孤立化的思維模式，也使過去農村緊密的人際關係不復存在，甚至影響到都市居民的身體健康，有鑑於此，許多國內外的有志之士開始推動所謂的「反慣行」，有機農法就是在這個脈絡下，被視為檢討慣行農法的主要作為。

因此，在國際有機農業運動聯盟定義的有機二．〇，就很清楚地將有機一．〇時所萌芽的「反慣行」概念，利用標準、規範，還有驗證制度，以保證品質，確定所謂的『有機』，如果人們會認為有機農業等於無農藥、無汙染，大抵就是這時期確立的概念。

然而，有機農法無法完全用「反慣行」的概念來說明，例如植物工廠生產的蔬菜可以沒有農藥，但我們卻很難承認它「有機」，這是因為有機並不完全是無農藥。從這個例子就可以了解，為什麼要更清楚地定義「有機農法」。

「有機」關鍵在於生命力

我們不妨從有機（organic）這個英文單字來探討何謂有機農法，這個單字泛指有生命力、有序的，或者說因為生命活動而建構，這個詞彙的定義，即點出生命作用的關鍵。而生命又可以分為兩個面向：物質層面之生命現象，以及非物質層面的生命現象。前者即生物有生長、繁殖、代謝與感應等，可被觀察之生命現象，與周圍環境做物質交換、吸收，待生物死亡後，施放構成自體的物質至環境中；屬於非物質層面之生命現象，例如：思考、情緒、感受等，或者用佛教徒比較習慣用的詞彙「心」來描述。

我抬起頭望著對我微笑的法師，「所以，有機農法，是指有生命力的農業方法。為什麼要叫作『有機農法』，就是要讓人知道，能否被稱作『有機』，關鍵在於生命力。同樣的道理，為什麼叫作『自然農法』，是因為這樣的農業方法善用自然力量的緣故，其他的農業方法，也多是為了望名生義，如是取名。」

「太好了！所以名相是為了讓行者更清楚所為而安立。」法師擊掌。

長養慈悲心的農法

「既然如此，為什麼以『不殺生』為具體操作方法的農法，要標名為慈心呢？」我向法師請益。

「我先請教你一個問題，在你的耕作經驗中，是否真的可以不殺生而有足夠的收成？你認為關鍵是什麼？」法師問道。

「就我自己的經驗，確實可以完全不防治就能有很好的收成，儘管也有遭遇病蟲害的時候，但我心裡並不會與之為敵，反而是透過病蟲害發生，了解田間管理是否不恰當，或者是大環境改變，但我的耕作習慣卻沒有跟著轉變，我漸漸覺得，病蟲害不是我的敵人，而是我最好的老師。」

「所以，心的轉變，就是你能用不殺的方式耕作的關鍵。而慈悲心，恰好是煩惱三毒所引殺心的對立面，把不殺為根本的農業操作方式標名慈心農法，就是開宗明義地指出，這是有慈悲心的耕作方法，或者說這樣的耕作方法，可以長養慈悲心。」法師一面說著，重新將念珠繞回腕上。

「慈心農法，就是菩薩的農法，要透過這種方式，喜迎菩薩冉冉來。」法師總結。

我震驚到說不出話。從前隱約覺得所學的佛法似乎可以應用在農業操作上，但從沒想過從事農業可以成就菩薩行，迎來一堆菩薩。

「八萬四千法門，以後裡面還要再添個慈心農法嗎？」倒吸了好幾口氣後，我才幽幽地吐出話來。

「法門真有八萬四千？還是其實只有一條路而已？那你說說看，師父的法門，是禪、是淨、還是教？說不定你還看到一些密法在裡面呢！但師父的法就是佛陀的法，既然是佛陀的法，自然是教你怎麼成佛，都在成佛之道上，你又怎麼說這是八萬四千法門呢？我只看到一條路，是師父希望接引更多人發慈悲心、發大菩提心的方法，僅此而已。」法師起身，雙手合十對我做了一揖，我趕緊起身回禮。

「菩薩大德，你的經驗很寶貴，慈心農法不是文字，而是有完整理論配合的行動，透過像你這樣的農夫做出來。我祈請你繼續做下去，慈心農法要有人做了，才會有更多人因此走上菩薩行。」

離開了知客室，一掃初來時心中的不解疑惑，反而多了些忐忑感。

「慈心農法，我真的行嗎？」不禁自問。

耕耘出十善的社會

請教完法師，我忍不住馬上分享。「慈心農法，就是菩薩的農法。」我在對話框敲下這樣的文字，送出，等待群組內的其他成員回應。

「這樣的命名是不是太『佛』了？如果如此命名，若不是佛教徒，是不是就不能實踐這個農法呢？」

「應該換個名字，就農法的特色來取名，像是無防治農法、順勢農法、生物動能農法，會不會比較好讓人理解和接受？」

「叫業果農法也挺恰當的，但這用詞可能也太佛，更何況有什麼不包含在業果裡呢？慣行農法也在業果當中呀！」

「乾脆叫具有心靈特色的生態農法好了。」

群組內的討論一時此起彼落，各自有想法意見，我忍不住腹誹，會這樣取名可是法師直接說的，這麼有想法本事，你們自己問法師去！

「其實各位先進講的都非常有道理，確實，我們該考慮這個農法的命名帶給人的感受，退幾步來問，為什麼當初僧團會屬意現在這個名字？這個農法的內涵到底是什麼？為什麼慈心農法這個名字最能代表這個農法的內涵？這也是我們要去思考的部分。」大師兄在群組上回應了，真是好球！

「是否可以請陳老師針對慈心農法的內涵，在群組裡對老師們做個簡單說明，也共識一下為什麼要用這個名相來代表整個農法。」雙手合十的大頭像冒出這段話，原來是德高望重的曾老師。

「那我就我理解的部分，對各位老師做一個粗淺的心得體會報告，這樣的理解不夠全面，我就是拋個磚，希望能有更多的老師願意貢獻自己的所長與心力，一起來完善這個慈心農法。」大師兄送出這段文字，我趕緊找個地方擺好手機，端正坐好。

建構十善社會

如果談到佛法的傳承，總的來說，就是有圓滿示現成佛的典範，清淨無缺的教正法與證正法傳承，以及代代傳持依法有修有證的學修群體，也就是佛、法、僧三寶；從別的面向，則談到佛法傳持依存的環境，佛法既然是緣起之法，自然不可能撇開環境來談，試想一個動盪不安，充滿著刀兵、災荒、疾疫，各種災難的社會，佛法事業就算勉力發芽、苟延殘喘，也很難長成一棵參天大樹。

「因此，師父很早就點出，如果要佛法長興，那我們就要一起努力，建構佛法賴以依存的環境，也就是十善社會。」

十善社會是什麼？斷除掉造作十黑業道的社會，即是十善社會，也就是不造作殺生、不與取、邪淫、妄語、離間語、粗惡語、綺語、貪欲、瞋恚、邪見。在《佛說十善業道經》裡，佛陀與娑竭羅龍王的對話中提到，佛身的諸相莊嚴，種種身功德的呈現，是由於百千億福德所生；諸大菩薩，妙色嚴淨，也是由於修習福德善業所生，想要學佛、學菩薩、親近諸佛菩薩，那就要使善法圓滿，福報充足。而為什麼善法稱為善法，是因為善法為人天身、聲聞、獨覺與菩薩行者的所依，如同大地，為一切城邑聚落的基礎，而這個善法具體的內容，就是十善業道。

「所以，實踐慈心農法的目標之一，就是要建構傳持佛法的十善社會。」平淡的文字，看來卻有石破天驚之感。

農業是文明的基礎

「容我打個岔，為什麼慈心是由農業入手，而不是從其他的領域，像是工業、商業、醫療，或是環境保護這類更容易吸睛的議題入手呢？」一位潛水許久、從不發聲的老師冒出頭來。

「這是一個很好的觀察點！以前師父常說，正因為別人不做，所以我們來做，如果這領域已經有很多人願意做了，那我們就可以投入別的更需要努力的地方。我個人的觀察是，一個菩薩選擇社會上任何一個領域投入，都可以為這社會帶來幸福。為什麼選擇農業做為投入點，是因為農業就是人類文明的基石，經濟活動構建的基礎，農為國本，農業的安定就是構建穩定社會的基礎，佛法需要在穩定的社會裡才能生根，在我看來，選擇農業入手，正是澈見結構本質。」

農人在田裡耕作的同時，是否曾經想過當下每一個動作背後的見解，都與這個社會是否美好和平有關？我們能想像不用農藥這個行為，可以使我們遠離煩惱，得到健康、長壽；不超施肥，就感得堅實充盈的資財；不任意耕犁或破壞生物棲地，就感得富饒且生機盎然的環境；實在買賣沒有欺騙，就感得各種事業能順利經營；常將業果見放在心裡，就不會忘記生命是以物質為輔、心靈為主，也就不會去追求許多炫目但無法帶來真正快樂的科技。

農人的心清淨，所為清淨，所耕耘的田也會逐漸清淨，不管是在這塊土地的生命，或是從此傳遞出的產品，都能得到幸福快樂；如果有愈來愈多的農人都相應這種耕作理念，傳遞這種幸福感，這個社會難道不會更安定而祥和嗎？

「至於為什麼以慈心為名，我想菩薩事業是以慈悲心做為等起，由於慈心，願與眾生一切樂；由於悲心，願拔眾生一切苦，慈悲心的極致，也就是大菩提心，生起了大菩提心，也就進入了菩薩的修行。選慈心為名，是要特別提醒行者，這是一個給所有生命快樂的農法，這是菩薩的農法，可以成就十善社會的農法。」大師兄總結了一下，不久，群組內的老師們熱烈回饋。

「謝謝陳老師，帶我們認識慈心農法。」

「太精彩了！我相信推展這樣的農法，一定能讓這世界變得更好。」

「我希望能結合環境教育，帶領更多莘莘學子認識慈心農法。」

「一起來擬個計畫，用科學的監測調查，量化慈心農法的外部效益。」

如佛說法後，諸大菩薩踴躍發心，我在這場法會裡，禮敬未來的諸佛菩薩。

農耕也能持戒？

「以緣起為核心，以不殺為持犯。」我在紙上寫下這句話，妻好奇地探過頭來。

「這句話和《般若經》裡提到的『以大悲為上首』、『以無所得為方便』感覺好類似，寫下這段是什麼意思呢？」妻問。

「這就是慈心農法的下手處呀，大德。」我放下筆舒腰，順手挽起妻的手。

佛法的理論很美，但談到如何實踐，就是真工夫，好比說製造汽車引擎，說明引擎運作原理用一張圖、兩頁紙就能清楚明白，但要能真正造出引擎，必須要有精準的圖紙設計、堅固耐熱的材料，與正確的機械加工程序，才能做出引擎，否則就是一堆廢鐵而已。實踐佛法的入手處，就是戒學，慈心農法也是佛法，下手之處自然也是戒學。

「要持戒才能作慈心農法？那你告訴我，為什麼農法可以跟戒法有關？」果然是好同修！起手就丟了一個問難。

「嘿嘿！我就在等你問這題。」一腿盤起，半跏趺坐，我深吸一口氣。

不傷害生命就是持戒

對我們佛弟子而言，佛法很美，但真正談到要實踐時，往往受限於自己的習慣，總覺得這個也做不到，那個也無法；又例如要我們不要做的行為，我們還是會想要照著習慣做，這就是我們的狀況。

到底我們要如何才能做到呢？我們必定是聽聞了解，照著佛法做有什麼好處，不照著這樣做有什麼損失，深刻地在生活中去觀察思維佛法的描述是否正確，如果確定了照著佛法做有大好處，到時要你不這麼做都很難。所以，戒並不是要我們硬持，而是確定了持戒的大好處，不持戒帶來的大災難時，就算持戒不容易，我們還是會想努力持戒。同樣的道理，農人必須認識到構建土壤生態系對農業生產與環境的好處，真正認識了以後，就算現況維艱，要你噴農藥、除草劑都很困難。

戒的功用是什麼？就近來說是防非止惡，也就是不再造作傷害人、傷害環境的行為，其實就是心靈環保；長遠來說，就是我們學佛的終極目標，走向成佛之道。從近的功用來談：在農業生產上，我們要怎麼做，才能符合戒的精神呢？自然是去觀察怎麼樣的農業作為會傷害人、傷害生命、傷害環境，那我們就別做。

舉福岡正信在他的自然農法裡提到的「四不」為例，「不耕作」特別指的是「不中耕」，「中耕」就是利用中耕機將土壤打得像麵粉一樣蓬鬆的農業作法，這樣的作法長久下來不但破壞土壤生物棲地，也因為傷害土壤生物的緣故，土壤體內失去生物翻攪（bioturbation）的機制，土壤變得愈來愈硬，空氣與水難以進入，駐留在土壤內、種植在土壤上的作物，就難以透過根部代謝作用取得需要的營養。缺乏營養，植物就愈來愈不健康，不健康的植物會啟動自然界的回收機制，也就是病蟲害。當病蟲害發生，農人就直覺用農藥來保護作物，用化肥催化其生長。既然知道了中耕土壤有這樣的副作用，我們還會汲汲營營地做這件事嗎？

福岡氏另外三不為「不施肥」、「不除草」、「不用農藥」，其中的「不施肥」又特指不施化學肥料，以及不超施有機肥，這是因為化肥無法供給土壤生物能量，超施有機肥容易破壞生物自然平衡的緣故；「不除草」指的是維持餵養土壤生物的機制，因為雜草可以有效地將有機醣送進土壤體內，並形成根孔道讓空氣進入土壤體中；「不用農藥」的核心觀點是從相對性出發，所謂的「害」、「益」是從農人現下的苦樂成立，而不是從自然界中這隻蟲或這株菌扮演的角色與意義來談，如果從牠們的角色來觀察，並沒有所謂的害、益之分，用了農藥，反而讓我們難以觀察到這層事實，離實相愈來愈遠，更別談殺生所帶來的影響了。

農法與五戒的關係

而佛陀所制定的戒律跟農法真的有關係？我們就拿五戒當中的「不殺戒」來觀察，在作法上完全符合福岡正信自然農法中的「四不」原則，如果願意遵照佛陀制定的不殺戒操作農事，具體來看就會符合自然農法的精神。

同樣地，我們可以觀察「不偷盜戒」中「抑貪」、「節用」的精神，地球上所有的資源都是需要長久時間的積累所形成，像化石能源來自於萬億年前的生質殘骸，礦物資源來自自然營力累積，土壤需要經過千萬年的風化作用，如果我們與子孫同享一個地球，當我們因為貪欲的緣故，多取了這些資源投入農業生產，不就是變相地偷取子孫輩的資材？因此「不偷盜戒」落實在農事上，就會是低投入農業、再生型農業、精準農業，這是由於節用的緣故。

「不邪淫戒」反映的是遵守人際關係的倫常帶來的和諧社會，這是出生十善法的基礎；「不妄語戒」與價值的確立有關，若人言而無信，就無法對他人產生價值感，也就難以達到經濟學上等價交換的平衡，若農人因為不老實而無法順利販售自己生產的農產品，豈不得不償失？「不飲酒戒」則是要我們時時刻刻保持一顆清晰理智的心，別因為這些令人昏迷的飲品、藥物失去判斷力。

「持戒的農人操作農事，自然就會符合自然農法、有機農法的精神，戒法當然與農法有關。佛陀通達五明，這些農業技術又是屬於五明當中工巧明的內涵，佛陀所制的三學貫徹在五明當中，細細觀察，我們又怎麼能不在農法中看到戒法的內涵呢？」我簡單地小結一番。

「哎呀！太精彩的心得，說給法師聽，法師一定會很高興的！」妻拍手叫好，隨即又一抹疑色湧上。

「但是，總結至此，也只是說明戒法與農法間的關係，跟菩薩的心又有什麼關係呢？」妻問。

我想起佛陀拈花微笑的公案，一時恍惚，指著門聯上師父的墨寶對著妻微笑道：「那你就參參看好了。」

心與心的傳遞

塞上耳塞，我熟練地將調配好的汽油倒入割草機油桶，檢查外部沒有異狀，然後穿戴起所有的護具：雨鞋、護脛、手套、防護裙、圍脖、護目鏡、面罩與遮陽帽，穿戴這些護具時會產生一種奇妙的儀式感，我想起法會上出家人必須整齊地穿戴好三衣，大抵是透過外在的形式提醒自己，待會兒是場法會，可別輕縱自己的妄心，失去了開悟的大好機會。

檢查機器與自己的保護都沒有問題後，打開阻風門，踩著機器底座板使勁拉發動繩，割草機引擎「噗！」地一聲動起來，待確認機器運作順暢，背上機器，我開始今日的「割草禪」。

今日割草的農地是新植的茶園，半年多前剛整好地時，還擔心草長的不夠快，夏季暴雨沖蝕會造成土壤流失，現在只消一個多月，昭和草就能長到一公尺高，草骨粗壯如大拇指般，印象中該是二、三十公分高的紫背草長得像蒲公英一樣大叢，咸豐草、霍香薊與蔓澤蘭、連構樹、山刺蔥、血桐等先驅樹種都在新茶園裡插旗，如果植物能說話，此地應如一最好的夏日花火觀賞處，爭著在已經擠滿了一雙雙期盼之眼的地方，想辦法為了令人驚歎的燦爛而駐足。

若是如此，對這些新成的草木之精而言，我看起來可像破壞神了，除了茶樹之外，其他草木被攔腰掃斷，屍橫遍野，想像中應該是個血腥驚駭的場景，但我知道事實並非如此，歡愉的慶典之樂正無聲地在田園中奏起。

難得的土地因緣

無數的土壤生物，知其名或不知其名，嚙咬、切碎、分解、翻攪，恰如其分地配合，將草木化為春泥，牠們活動的痕跡成為空氣與水進入土壤體的途徑，生質的礦化和合充足的水與土壤空氣，成為新綠激萌的緣起。就這樣，植物與動物交互地豐富彼此，農人該做的只是在適當的時候將能量與物質導入這個體系中，有時甚至忘了收成這個義務，並不是他天真幼稚，而是他清楚知道已種下豐饒的因，收穫只是時間與時機的問題罷了。

我們不禁反問，這樣一片熙熙攘攘、交互輝映的有情世界，為什麼難以現見於鄉野阡陌之中？為什麼明明已經做出來並印證可行的農法，卻難以在現代農業生產體系中立足？如果所有人都有離苦得樂的能力，而這樣的農法又是從樂趨樂，為什麼這麼少的農人能夠信受乃至奉行？

佛經上有個盲龜遇軛木的比喻，說大海上浮著一塊中間有個洞的軛木，一隻眼瞎的龜有天浮出水面，頭就恰好穿過了軛木孔，這機率該有多低呢？佛陀用這個比喻來說明人身難得，佛法難聞，信受佛法更難得，我們都已經遇到佛法，若不把握修持的機會，豈不浪費這脖子穿過木孔，載浮載沉的時光？

回頭反望，同樣是求樂、求好收成的同行農友，還是在那些我已經知道會得苦的路上汲汲營營，為了自己的一口飯征討天地，殊不知種下貪婪、瞋恚與愚癡的因種，它日返還回來的就是匱乏、爭戰與無明，長養的習慣之力，只會帶著他遠離樂因，有時看著這些即將得苦的同行善友，真焦急得不知該如何是好，智慧不足，又不知該如何下手幫忙。

種樂因，得善果

反觀現在懂得種樂因，知道拋棄我愛執，用一個更宏觀的整體經營農業的我，當初到底是怎麼從無異於這群同行的狀況，行至如今已有明顯的轉業，當中的關鍵為何？知道自己和這群人一樣煩煩惱惱，為什麼我的生命轉向了？

突然有股莫名的感動湧上心頭！不由得暫停手邊動作，讓眼淚隨著澎湃的情感湧出。是呀！我跟別的農人沒什麼兩樣，差別在我遇見師父，遇見了佛法，願意聽話照著佛法的內容實踐在農業上，所以造業的方向就轉了。這當中完全不是靠自己的力量，純粹是靠著善知識的悲心和願力，我就是剛好靠著他們拋下的浮木，僅此而已。

是怎樣的心力，讓他們可以在可怕的業力漩渦旁做這件事！要有怎樣的智慧善巧，才能操著浮木扁舟，救拔這些溺在有海即將被捲入苦中的人們！這件事單想就覺得不可思議，更何況它並不是像空中樓閣，而是真實地發生在你我的生命當中。這是師父教我們要發的大菩提心：本體為悲，特性為智，其用為勇。平常我們低頭習慣了看不見，一旦見著了，便為它炫目的光彩傾心不已，由於這樣的一顆心，世出世間一切的安樂由此而生，由於慈悲，要將眾生由遍知、沒有深細觀察的慣行中拔出；由於智慧，引領有情從觀察緣起走出一條有機和樂之路；由於勇悍，不畏危險艱難眾人皆醉，也願意將璀璨光明的法送到每個人心上。如果這世界上有奇蹟，難道不該是大菩提心帶來的光明與希望嗎？

「原來僅是心與心的傳遞。」我望著一地躺平的雜草喃喃自語。引擎熄火，佇立在茶園裡，眼下是從草堆中冒出頭的茶樹，延伸的山坡充滿綠意，竹、茶、果樹交錯種植，偶有檳榔穿插，但以前那種明顯的好惡分別不復存在，一切都顯得如此自然。

眺向北方，清水溪在群丘間蜿蜒，盛行的西南風從山坡上滾下，拂過汗濕的耳際。我的禪思寄在風中，隨著清溪往北而流，你揭衲衣示我明珠，我以耕讀傳其心志。

同心打造大同世界

「大道之行也，天下為公。」少時選讀《禮記》章節中的句子，在思考慈心農法會為世界帶來什麼影響時，很自然地浮了出來。

在孔子心中，當大道行於天下時，這時候人人都為了利他而活，所以此時的政治制度是「選賢與能」，人際關係是「講信修睦」，社會狀態是「人不獨親其親，不獨子其子，使老有所終，壯有所用，幼有所長，矜寡孤獨廢疾者皆有所養」，家庭狀態是「男有分，女有歸」。

我特別欣賞「貨惡其棄於地也，不必藏於己；力惡其不出於身也，不必為己」這兩句話，因為這兩句話與佛法當中布施度的內涵一致，也是將大乘佛法應用於農法的原則：不浪費資源，亦不貪斂財富；為天下之利而盡力，不為己利而作。

若觀察現在所謂的「慣行農法」，恰好就是〈禮運大同篇〉這段話所描述的反面：它既浪費資源，又是為了貪心而作，只為私利的膨脹，而忘記有自己以外的天下。不斷擴張系統自我，排出廢熱至環境的情境下，最終將導致環境崩毀，此時依存於環境的自我又怎能獨存？

聖嚴師父的「四種環保」所講述的內涵，亦與〈禮運大同篇〉此段描述無異。由「心靈環保」入手，延伸至「生活環保」、「禮儀環保」以及「自然環保」，無論是理論或是作法，就用現代人好理解的「環保」二字總攝。或許孔老夫子也是用當時代人好理解的「大同」概念，傳遞他對道行天下的美好願景吧。從這點來看，「慈心農法」能否乘載所謂的「道」，又能被當代人好理解，這也是提出這樣的名相後值得觀察的部分。

讀取土地與植物的訊息

無疑地，慈心農法就是佛法，僅是由佛法應用於農業的操作面而描述之，既然佛法有「道」，佛法是「道」，慈心農法自然也不難觀察到有「道」的特質，操作慈心農法的結果，就是實踐佛法為我們生命以及我以外的世界所帶來的改變。

我們可以觀察行於此道上的善友。桃園大溪有位邱榮漢先生，夏、秋季收成綠竹筍，冬季則收成羽衣甘藍與其他葉菜類。他曾經描述羽衣甘藍因環境逆境被薊馬叮成皺皮菜的經驗，那時他不是選擇用藥或是耕鋤，僅僅是等待而已，因為他知道自己營造的環境有能力讓蔬菜順利成長，只待對應的條件。果不其然，在東北季風連續帶來幾波雨水以後，他的羽衣甘藍神奇地在別人眼中「逆轉勝」，還能供應有機通路販售。

雲林青農柯力誌先生是我的前輩，我經常請教他的觀點，雖然他採取相對慣行的有機農法操作，換處在他的環境，我也會採取同樣的作為，這是由於條件不同的緣故。更令人讚賞的是，他還成立有機生產合作社，凝聚一群人的力量一起從事有機產業。

其他還有很多採取自然農法、秀明農法、ＢＤ農法、ＭＯＡ農法、ＫＫＦ

農法或是使用光合菌的族群，各自有精彩的心路歷程與事業，就不一一贅述。

我們都希望在自己盡到農民責任的同時，能夠讓這世界更美好，我們都曾在面對自然與環境的挑戰中敗下陣來，但沒有因為害怕所謂的「我」被傷害了，就馬上拿起武器，對付這些看起來張牙舞爪的大小生命，我們學著願意讀取來自土地與植物的訊息，在一次又一次的失敗與看似不可能中，摸索出通向真理的方向，待條件具足時，才驚訝地發現，原來過去的失敗都來自於自己對自然環境的不理解，所謂的病害與蟲害都是自找的。一生此解，尖銳對立變成慚愧感恩，慚愧自己因為看不清楚，一直傷害土地、傷害自然；感恩大地之母沒有因為人們貪婪愚癡豪取強奪，就不讓生命之流繼續在她身上運轉。認知至此，哪裡還想再拿起武器對付這些存在土地上的生命呢？

改變認知，感恩大地

科學是可重複的事實，但認知才能主導科學發展的方向。長久以來農業科學慣用「產量」、「成分」、「外型」化約對快樂的描述，由此為基礎，企圖發展出一套重複快樂的方法，也就是所謂的慣行農業，結果我們真的得到快樂了嗎？顯而易見地，這套要帶來快樂的方法，卻帶來了愈來愈多的痛苦。並不是科學錯了，而是我們的認知有偏差，如果沒有明眼人帶我們用正確的眼觀察，我們可能一輩子都在這堵感覺造成的高牆前死磕硬撞。

慈心農法就是借用佛法的眼改變認知，認知轉變，對立的境界就改變；境界改變，所採取的作為就改變，如果操作這些藉由佛法觀察得到的作為可以重複帶來快樂，我們又怎不說這是科學呢？

我衷心期盼著有一天，愈來愈多的農民都能照著慈心農法操作時，土壤愈來愈有生命力，過去排放至大氣中的二氧化碳，能因為具活性的土壤生態系運作，逐步被收存在土壤體內。溫室效應減緩，海平面不再上升，極端的氣候變得緩和，四季重新變得分明。水可以因優良的土壤結構，留存在土壤體中，或是滲入至地下，我們可以有乾淨穩定的水源。因為水的循環不再極端，降雨變得平均，以前雨水洗過的天青又成為生活的日常。

我們找回兒時在不噴農藥自己吃的那一畦菜才吃得到的菜味，你再也不必逼小孩吃青菜了，因為好吃的食物，小孩自己會吃光。癌症、慢性病、過敏症好發的頻率愈來愈少，因為我們知道了真相，不再無知地選擇病從口入。我們可以透過農業重新思考人與環境間的關係，這些思考終指向生命最本質的問題：我們從何而來，要往何方而去？

當日夫子讓弟子們各自說了如果自己能執政時的理想，卻只在曾皙說了他的理想後道出一句「吾與點也」，那時若大道能行，或者存在一個有佛法的平行時空，人人懷著慈心行事，夫子就能現見他心中的大同世界：那是一個人心沒有隔閡，天人可以交感的豐饒國度，冠者五、六人，童子六、七人，在河水邊沐浴，坐在祭台上迎風吹乾身子，讚頌歌詠而歸。

願我們也能從現在起，同心打造那一個世界。

後記

心改變，創造無限可能

「為什麼要從心的角度切進農業生產？」這是我在寫作「心農法進行式」專欄期間，曾問自己的一個問題。

我想只要是佛教徒，甚至不必是佛教徒，都可以感覺得到心裡的想法，會對外顯行為產生影響，更精確地說，我們所做的決策方向，一定是受到認知所影響，佛家用「離苦得樂」四字，總結心的這種趨向性，甚至以此立論，說明生命有能力達到究竟的快樂，就是因為心具備有這項特質。然而，由於無明的緣故，導致心識呈現的觀察與事實有所偏差，甚至是完全顛倒，好比人戴上紅色鏡片的眼鏡，看出去的世界全部都是紅色，所以就判定這世界只有紅色一種顏色，但事實並非如此。

而心識另一個有趣的特色，就是會抓取過去觀察的經驗做為未來判斷的依憑，目的無非還是出自於離苦得樂。萬一把有偏差的觀察內化為經驗，心識就會以這個有偏差的經驗做為標準，衡量當下以及未來新的觀察，這就形成了「心的慣性」，或者用「習氣」二字形容。我們的生命，基本上就是被這個習氣緊箍，渾然不知。

從農業科學發展的歷史來觀察，也可以看到這種心識被習氣緊箍住的事例。就以當代有機農業發展中，欲除之而後盡的農藥與化肥為例，最初發展的目的，其實都是為了全體人類的福祉與永續生存，所以農藥與化肥被發展出來。蔣夢麟在他的著作《西潮》中，提到一段使用化肥的描述，那時化學肥料剛傳到中國，村裡的農人們沒有人敢用這種洋玩意，怕是有毒，用了以後土地無法耕作，豈不斷了生計？只有一位鄰居天不怕地不怕，照說明用了這肥田粉，種出好多又大、又脆的大白菜，好收成直讓他笑呵呵。這段描述就說明了對民國初年的農民來說，化肥的使用就帶來了豐產，帶來了好品質，也似乎帶來了快樂。

更具代表性的案例就是滴滴涕（Dichloro-Diphenyl-Trichloroethane, DDT）的發明。從化學家的觀點來看，滴滴涕是一個具有對稱美的化學分子，在一九三九年瑞士化學家保羅．米勒（Paul Hermann Müller）發現它對於哺乳動物急毒性不高，卻對昆蟲毒性極強，對人類而言，遠比當時已發展的殺蟲劑有效且安全，於是這款殺蟲劑被大量地用在瘧蚊與病媒防治，又由於滴滴涕對於各種昆蟲都能有效毒殺，於是它被用來搭配化學肥料，設計在農業生產流程。

在滴滴涕被發展使用的二十年後，才陸續有環境研究的報導，發現這種具對稱美的分子非常難在環境中分解，由於其親脂的特性，使滴滴涕易累積在動物脂肪內，透過食物鏈濃縮後，最後累積在食物鏈頂端，鳥類體內若累積太多的滴滴涕，則會產下殼厚度不足的卵，導致雛鳥無法孵化，甚至使鳥類滅絕，知名的海洋生物學家瑞秋．卡森（Rachel Louise Carson）就寫了一本《寂靜的春天》（*Silent Spring*）描述她所看到的滴滴涕危害。更甚者，滴滴涕還被後來的科學家發現會干擾人類內分泌運作以及具有基因毒性，是一種健康風險極大的環境用藥，諷刺的是，當時發現滴滴涕功用的化學家，還獲得了諾貝爾生理醫學獎，表彰他對人類生存安全的貢獻，怎知隨著人類愈透徹的研究，這項當初發展出來的「神藥」竟變成了「禁藥」呢！

不管是化肥或是農藥的發明使用，最初無非是為了人類的快樂而發明出來，為什麼後來會帶來這麼多的問題，甚至可能危害人類生存，這麼衝突的情況，都可以用「心的慣性導致的觀察偏差」來解釋，也就是無明，如此才顯得出佛法對於科學發展的絕對價值，因為佛法正是這種「心的慣性」、「觀察偏差」的正對治。科學是可量測、可重複，具有邏輯與因果關係的事實，而科學發展的方向是由認知，也就是心來決定，如果不具備無偏差的認知，則科學發展往往帶來更多問題。用佛法來處理認知層面的偏差，則科學就如同善使刀者的刀劍，不會反過頭來傷害自己，可說是最完美的搭配了。

從這一層面上來談，慈心農法就是「應用佛法的農法」，以慈悲心為起故名之，其核心為緣起的智慧。

緣起見，是佛法最不共於其他宗教的觀點，現象的呈現有賴於根本因與具有緣和合，只要抽離掉其中對應的條件，那現象就不會發生，也就無法被觀察，因此稱為緣起；若從現象本身來觀察，由於它是由根本因與具有緣和合而成，並不存在一個不會變化、本質如此的現象，也無法說根本因或具有緣就是現象本身，因此稱為無自性，又稱為性空。性空緣起是一體兩面，因為緣起性的緣故，不存在不會變化、本是如此的實事，故可知實事本性為空；因為實事本性為空的緣故，實事的呈現必賴於因緣具足，故知緣起的特性。

應用緣起的見解，感覺已發展近百年的近代農業科學，又多了好大一片天地！舉例來說，農業病蟲害的發生，可以粗分成宿主、害物與致害環境三個面相，如果只看到害物導致病蟲害發生，農人就會很直觀地認為解決了害物，就解決了病蟲害，也就解決了眼下的苦樂，所以各式農藥就成為病蟲害的唯一解方；若具備緣起的見解，問題的解方就不見得往使用農藥裡鑽，可以往宿主與致害環境的面相探究，逐步地摸清病蟲害發生的真相，甚至可以不用農藥就解決病蟲害的問題。

多麼美呀！僅僅是見解改變，就能讓心脫離慣性的桎梏，尋出無限種可能的方法，所以宗喀巴大師在他的著作《緣起讚》中寫到：「如是於依怙，常有稱讚門，除說緣起外，誰能得餘者？」就是讚揚緣起見的美妙殊勝。也由於緣起的見解，知道現象的呈現必有其因果，業果見就在緣起的脈絡下顯其必然。觀察思考這一切如同齒輪運轉環環相扣的業因感果，我們的苦樂就在這過程中產生，哪個抉擇又能通往樂的方向呢？

所以佛法做為慈心農法的下手處，對我而言，僅是在思考這一切過程後，覺得佛法真是很有道理，試著套用看看罷了，這個套用的心得感想，就是《茶園裡遇見佛陀》的篇章。它當然很不完善，好的農法應該要能夠應用於各種作物與環境，怎麼可以只寫了茶與少許作物栽培，在臺灣中部一處淺山做做試驗就了事？因此，我誠摯地邀請有緣看到這本《茶園裡遇見佛陀》的菩薩們，一起完善這「慈心農法」，印證佛法用在農業生產是完全有可能的。

三年的筆耕暫歇，我真感覺自己是師父說的「大有福」之人！感謝師父教我佛法，感謝法鼓山的法師們給我這樣的機會拋出這塊磚，也希望這一切所作都能讓曾教導我佛法的師長們歡喜！祈願我們所期待的十善社會、大同世界、佛國淨土，能因為墊上這塊磚的緣故，早日成辦！

琉璃文學 45

茶園裡遇見佛陀

Encountering the Buddha in Tea Plantations

著者	張顥嚴
出版	法鼓文化
總監	釋果賢
總編輯	陳重光
編輯	林文理
封面設計	化外設計
內頁美編	胡琡珮
地址	臺北市北投區公館路186號5樓
電話	(02)2893-4646
傳真	(02)2896-0731
網址	http://www.ddc.com.tw
E-mail	market@ddc.com.tw
讀者服務專線	(02)2896-1600
初版一刷	2022年12月
建議售價	新臺幣280元
郵撥帳號	50013371
戶名	財團法人法鼓山文教基金會—法鼓文化
北美經銷處	紐約東初禪寺 Chan Meditation Center (New York, USA) Tel: (718)592-6593 E-mail: chancenter@gmail.com

法鼓文化

國家圖書館出版品預行編目資料

茶園裡遇見佛陀 / 張顥嚴著. -- 初版. -- 臺北市 : 法鼓文化, 2022.12
面； 公分
ISBN 978-957-598-973-6 (平裝)

1. CST: 有機農業

430.13 111016177